JIIA 日本インダストリアルイメージング協会
Japan Industrial Imaging Association

JIIAの発足は、産業用途での画像機器（工業用カメラ、入力装置、画像処理装置、画像処理ソフト、光学機器、照明装置、計測・解析機器等）の出荷額において日本が世界で占める割合は大きい。これら産業用画像分野の発展に貢献する組織が日本にも誕生し、以下のような活動を行うことが、日本国内外から望まれたからであります。

- 海外における統一規格の国内への普及活動
- 海外にある関連協会への日本からの働きかけ
- 日本発の標準化事業を行なう組織の必要性
- 世界的な市場統計、日本製品の紹介

【活動の主な内容】
JIIAは、「産業用画像分野を通して産業の発展に寄与することを目的とし、次の事業を行う」と定款に謳っております。

(1) 先進的な産業用画像技術に係る標準化の推進
(2) 国際的、横断的な標準化事業及びそのための調査研究等への参画、提言
(3) 産業用画像分野の理解促進と情報交流のためのセミナー、講演会等の開催
(4) 各種標準化会議の内容及び関連資料の開示、提供
(5) 産業用画像分野の技術動向、市場情勢等に関する調査・統計資料及び関連情報の開示、提供
(6) 国際的、横断的な産業用画像分野の会議、イベント等の主催及び支援
(7) その他、本会の目的を達成するために必要な事業、及び前各号に掲げる事業に付帯又は関連する事業を挙げ活動しております。

入会のお申込み方法について

日本インダストリアルイメージング協会に関します入会のお申込みにつきましては、ホームページ（http://jiia.org/）より「入会申込書」をダウンロードし、必要事項をご記入・ご捺印の上、下記あてに郵送にてお申込みをお願い申し上げます。

| お申込書のご郵送宛先 | 〒169-0073　東京都新宿区百人町2-21-27（アドコム・メディア㈱内）一般社団法人　日本インダストリアルイメージング協会事務局　宛 |

※お申込み書類は、ご返却いたしませんが、ご提供いただいた個人情報は、お客様ご本人のご承諾がない限り、原則として協会の設立およびその後の運営利用目的以外の用途には使用致しません。また、個人情報保護に関する法令およびコンプライアンスの基本に則り、個人情報の取扱いに関して、厳正な取扱いに努めて参りますのでご理解ご了承をお願い申し上げます。

JIIA市場統計冊子 2014年版（第7版 FY2011-FY2014）販売中

JIIA統計分科会編集による市場統計冊子（第7版-2014年版）を販売中です。第7版では2011年から2014年までの「エリアカメラ」「画像入力ボード」の統計を掲載しています。部数には限りがあり、先着順での販売となります。
購入ご希望の方は、JIIAホームページ（http://www.jiia.org）の「JIIA市場統計（2011～2014年までの統計データ（第7版）を発行・詳細＆購入」ボタンをクリックし、JIIA統計冊子（PDF版）購入申込フォームから必要事項をご記入いただき、お申込みください。見本のPDFデータも閲覧できます。

資料請求No. 026

本誌の広告に対する資料等のご請求はこのFAX用紙または ホームページ(http://www.nikko-pb.co.jp/)をご利用下さい。

日本工業出版㈱ 資料請求係行

該当雑誌に○でお囲みください。

■配管技術　■油空圧技術　■建設機械　■超音波TECHNO　■住まいとでんき
■光アライアンス　■検査技術　■ターボ機械　■環境浄化技術　■計測技術
■建築設備と配管工事　■クリーンテクノロジー　■福祉介護テクノプラス
■月刊自動認識　■画像ラボ　■クリーンエネルギー　■プラスチックス
■機械と工具　■流通ネットワーキング

の　　　年　　月号を見て下記広告資料を請求いたします。

ご請求者	会社名：	お名前：
	住所：〒	
	部署名：	メールアドレス：
	TEL：	FAX：

■カタログ請求会社■

資料請求No.	会社名	製品名

※表紙広告1,2,3,4の資料請求No.は表紙1は00A表紙2は00B表紙3は00C表紙4は00Dとして記入してください。

〈個人情報について〉お申込みの際お預かりしたご住所やEメールなど個人情報は事務連絡の他、日本工業出版からのご案内(新刊案内・セミナー・各種サービス)に使用する場合があります。

FAX：03-3944-6826

（ホームページ・FAX24時間受付）

産業用カメラの選び方・使い方
マシンビジョン・理化学研究・製品開発 etc～
カメラの基本から特殊用途カメラまで

CONTENTS

1 〔巻頭〕産業用カメラとマシンビジョンの動向
──（一社）日本インダストリアルイメージング協会　福井 博・山口 裕・佐久間 恒雄・津久井 明三

カメラの基本・選び方・使い方・用途例

- 9　エリアスキャンカメラ ─────────────────── 東芝テリー㈱　伊勢 薫
- 15　ラインスキャンカメラ ────────── 日本エレクトロセンサリデバイス㈱　今井 信司
- 20　高解像度カメラ ─────────────────────── ㈱アルゴ　西田 祐矢
- 23　高速度カメラ ──────────────────────── ㈱フォトロン　鈴木 洋介
- 27　赤外線カメラ ─────────────────── フリアーシステムズジャパン㈱　石川 友亮
- 31　近赤外線カメラ ─────────────────────── ㈱アバールデータ　岡本 俊
- 37　紫外線カメラ ──────────────────────── ㈱アイジュール　黒澤 智明
- 41　小型グローバルシャッタカメラ ─────────────── ㈱アイジュール　黒澤 智明
- 45　ハイパースペクトルカメラ ──────────────────── ㈱リンクス　片山 智博
- 50　冷却カメラ ─────────────────────── ビットラン㈱　加須屋 正晴
- 53　エンベデッドビジョンシステム ─────────── Basler AG　Thomas Rademacher
- 60　光学式モーションキャプチャカメラ ─────── ㈱ナックイメージテクノロジー　増田 信一
- 64　高階調高感度カメラ ───────────────────── ㈱ビュープラス　芝田 勉

製品・新機能・新技術紹介

- 69　アプリケーションベースのアプローチによるカメラ単体での画像処理
────────────── IDS Imaging Development Systems GmbH　Heiko Seitz
- 72　工業用 8K カメラを開発、目視検査効率の向上をめざす ────── アストロデザイン㈱　金村 達宣
- 74　近赤外線カメラとソリューション ─────────────────── ㈱アートレイ　小森 活美
- 79　偏光ラインスキャンカメラのメリット ─────────── ㈱エーディーエステック　前嶋 素生
- 83　超高解像度カメラとそのアプリケーション ──────── ㈱エーディーエステック　前嶋 素生
- 86　グローバルシャッター CMOS シリーズマシンビジョンカメラ
──────────── ソニーイメージングプロダクツ＆ソリューションズ㈱　神戸 良
- 92　モーションキャプチャとハイスピードカメラの活用について
─────────────────── ㈱ナックイメージテクノロジー　奈須野 大介
- 96　偏光高速度カメラ ───────────────────── ㈱フォトロン　上野 裕平
- 99　プリズム分光カメラ技術 ──────────────────────── ㈱ブルービジョン

InGaAsカメラ USB2.0 USB3.0

検出波長帯域900〜1700nm

900〜1700nmの近赤外領域に高い感度を有するInGaAsイメージセンサを採用した近赤外線カメラ。

≪VBS出力≫ ≪国内生産≫ オプション【CLink】
ARTCAM-032TNIR
ARTCAM-009TNIR

ARTCAM-008TNIR
ARTCAM-0016TNIR オプション【GigE】
ARTCAM-031TNIR

型番	センサメーカー	画素数	検出波長帯域(nm)	シャッタタイプ	出力画素数	有効撮像面積(mm)	画素サイズ(μm)	レンズマウント	フレームレート(fps)	シャッタスピード(秒)	A/D分解能
ARTCAM-032TNIR	浜松ホトニクス	32万	950〜1700	グローバル	640(H)×512(V)	12.8(H)×10.24(V)	20(H)×20(V)	Cマウント	62	1/1000000〜1	14bit
ARTCAM-031TNIR	海外	32万	900〜1700	グローバル	640(H)×512(V)	16.0(H)×12.8(V)	25(H)×25(V)	Cマウント	27	1/1833333〜4.408	12bit
ARTCAM-009TNIR	浜松ホトニクス	8万	950〜1700	グローバル	320(H)×256(V)	6.4(H)×5.12(V)	20(H)×20(V)	Cマウント	228	1/1000000〜1	14bit
ARTCAM-008TNIR	海外	8万	900〜1700	グローバル	320(H)×256(V)	9.6(H)×7.68(V)	30(H)×30(V)	Cマウント	90	1/25706〜1.27	14bit
ARTCAM-0016TNIR	浜松ホトニクス	1.6万	950〜1700	グローバル	128(H)×128(V)	2.6(H)×2.6(V)	20(H)×20(V)	Cマウント	258	1/1000000〜0.013	14bit

最大画素数1024画素
浜松ホトニクス製 ラインセンサInGaAsカメラ USB3.0

型番	冷却	画素数	画素サイズ	画素ピッチ	レンズマウント
ARTCAM-L512TNIR	常温型	512画素	25×25μm	25μm	Cマウント
ARTCAM-L256TNIR	常温型	256画素	50×50μm	50μm	Cマウント
ARTCAM-L1024DTNIR	非冷却	1024画素	25×100μm	25μm	Fマウント
ARTCAM-L1024DBTNIR	非冷却	1024画素	25×25μm	25μm	Fマウント

高速データレート：5〜6.67MHzMax.

USB接続 紫外線カメラ

紫外線(UV)照明との組み合わせにより、可視光帯域では認識しづらい、物体の表面のキズ、しみ、むら等を映し出します。

USB3.0 Camera Link 200〜1050nm 新製品 400万画素
* センサタイプ：CMOS
* シャッタタイプ：ローリング
* 画素サイズ：6.5μm
* 有効撮像面積：2048(H)×2048(V)
* インタフェイス：USB3.0・Camera Link
* フレームレート：45fps
* 光学サイズ：1型
* A/D分解能：12bit
ARTCAM-2020UV-USB3 CMOS

USB2.0 200〜1100nm 新製品 130万画素
* センサタイプ：CMOS
* シャッタタイプ：ローリング
* 画素サイズ：10μm
* 有効撮像面積：1280(H)×1024(V)
* インタフェイス：USB2.0
* フレームレート：28.5fps
* 光学サイズ：1型
* A/D分解能：10bit
ARTCAM-130UV-WOM CMOS

USB2.0 200〜900nm 150万画素
* センサタイプ：CCD
* シャッタタイプ：グローバル
* 画素サイズ：4.65μm
* 有効撮像面積：1360(H)×1024(V)
* インタフェイス：USB2.0
* フレームレート：12fps
* 光学サイズ：1/2型
* A/D分解能：10bit
ARTCAM-407UV-WOM CCD

InGaAs/GaAsSbカメラ

近赤外線の広波長帯域に感度を有するInGaAs/GaAsSb(インジウムガリウムヒ素アンチモン)センサカメラです。

◆ 住友電工製センサ使用！

Camera Link
ARTCAM-2350SWIR 検出波長帯域 1000〜2350nm
ARTCAM-2500SWIR 検出波長帯域 1000〜2500nm

型番	ARTCAM-2350SWIR	ARTCAM-2500SWIR
検出波長帯域	1000nm〜2350nm	1000nm〜2500nm
有効画素数	320(H)×256(V)	
画素サイズ	30(H)×30(V)μm	
有効撮像面積	9.6(H)×7.68(V)mm	
インターフェイス	Camera Link	
フレームレート	320fps	
受光素子冷却方式	4段電子冷却(-75度)	
A/D分解能	16bit	
電源電圧	DC24V (電源ユニット付属)	
レンズマウント	Cマウント	
外形寸法	90(W)×170(H)×110(D)mm	
重量	約2500g	

業界最小 ミニカメラ

VBS出力 ARTCAM-16MINI-VBS
UVC対応 ARTCAM-16MINI-USB2.0

外形寸法：φ1.5mm×4mm

カメラヘッド寸法 1.48mm±0.05mm
カメラヘッド拡大図

* インタフェイス：USB2.0
* フレームレート：30fps
* 画素数：16万画素
* FOV：120°
* フォーカス距離：5〜100mm

株式会社アートレイ ARTRAY

〒166-0002 東京都杉並区高円寺北1-17-5 上野ビル4F
TEL：03-3389-5488　FAX：03-3389-5486
E-mail：artray@artray.co.jp　URL：www.artray.co.jp

ISO9001:2008 認証番号 44 100 16 82 0167

・ARTCAMはARTRAYの登録商標です　・製品の仕様は、改良その他により予告無く変更になる場合がございますのでご了承下さい。

ミクロをマクロに。

ZU-TECHNOLOGY

超高輝度LED点光源装置 UFLS-75-0xW-P

ガラス・フィルム検査用照明

遂に実現、従来ランプ点光源から新たな時代へ。
世界初の**長寿命・業界最小**のLED点光源。

特許申請中

High Power Led Point Light Source

独自の輝度増幅光学系を開発し、当社高輝度LED光源(UFLS-75-08W)の**2.5倍**の超高輝度を実現。
LEDでキセノン光源に迫る**200Mcd/㎡**の超高輝度。

特徴
- 独自開発の輝度増幅光学系を使用〈特許申請中〉
- 透明フィルムやガラスの欠陥を拡大しシャープに投影
- LED方式で省エネとエコを実現
- レンズレスでピント調節不要
- カメラ三脚マウントによる固定も可能
- 発光径を3種類ご用意(Φ1、Φ2、Φ3)

ミクロ欠陥をマクロ欠陥に拡大
・世界初！省エネ&環境にやさしいLED方式

小さな傷も大きく投影します

業界最小設計
・手のひらサイズ
・重量1.2kgの軽量設計

株式会社 ユーテクノロジー　http://www.u-technology.jp　E-mail:info@u-technology.jp

- 本　　社 〒175-0094 東京都板橋区成増2-10-3 三栄ドメール305　　TEL.03-6904-3498　FAX.03-6904-3449
- 東北支店 〒980-0011 宮城県仙台市青葉区上杉1-5-21　　　　　　　TEL.022-214-2771　FAX.022-214-2773
- 関西支店 〒601-8414 京都府京都市南区西九条蔵王町53 ケンジントンハウス801　TEL.075-632-9410　FAX.075-632-9412

資料請求No. 008

アバールデータの組込み製品

カメラ接続実績で選ぶなら
アバールデータの画像入力ボードシリーズ

CoaXPress Quad ×1ch
画像入力ボード
APX-3664G3
PCI Express3.0 ×4

FPGA画像処理対応 CoaXPress Quad ×1ch
画像入力処理ボード
APX-3664A-E7
PCI Express2.0 ×8

LowProfile対応 CoaXPress Single ×1ch
画像入力ボード
APX-3661
PCI Express2.0 ×4

CoaXPress Single ×6ch
マルチ画像入力ボード
APX-3636
PCI Express2.0 ×4

CoaXPress Single ×4ch
マルチ画像入力ボード
APX-3634
PCI Express2.0 ×4

CoaXPress Single ×4ch
マルチ画像入力ボード
APX-3664S4
PCI Express2.0 ×4

CameraLink I/F Medium/Full/Deca ×2ch
マルチ画像入力ボード
APX-3326A
PCI Express2.0 ×4

FPGA画像処理対応 CL Medium/Full/Deca ×1ch
画像入力処理ボード
APX-3327-1-260
PCI Express2.0 ×4

光I/F対応 Opt-C:Link ×4ch
画像入力ボード
APX-3800X2
PCI Express2.0 ×8

GPU画像処理対応 CL Medium/Full/Deca ×1ch
画像入力処理ボード
APX-3323GPU
PCI Express2.0 ×4
NVIDIA社JetsonTX1搭載

USB3.0 I/F ×4ch
画像入力ボード
APX-3424
PCI Express2.0 ×4

GigE I/F ×4ch
画像入力ボード
APX-3404
PCI Express2.0 ×4

CameaLink, 光I/F搭載 小型画像処理PC
画像プラットフォーム
ASI-1300T6
CPU : intel Coai7/i5
W : 250mm
H : 98mm
D : 255mm

CameaLink, 光I/F搭載 小型画像処理PC
画像プラットフォーム
ASI-1300T6HF
CPU : intel Coai7/i5
W : 320mm
H : 145mm
D : 300mm

CameaLink ×4ch搭載 小型画像処理PC
画像プラットフォーム
ASI-1324T6
CPU : intel Coai7/i5
W : 230mm
H : 134mm
D : 221mm

AVAL DATA CORPORATION
株式会社アバールデータ 〒194-0023 東京都町田市旭町1-25-10

お問い合わせ先電話 本社:042-732-1030
お問い合わせ先FAX 本社:042-732-1032
Eメール sales@avaldata.co.jp
ホームページ http://www.avaldata.co.jp

※当社は 品質システム ISO9001、環境システム ISO14001の認証を取得しています。

JPX 東証JASDAQ上場 証券コード:6918

※製品の仕様及び外観は改良のため予告なく変更されますのでご了承ください。
※広告で使用されている会社名及び製品名等の固有名詞は各社の商標及び登録商標です。　※ RoHS 対応製品です。

資料請求No. 009

光カメラリンクケーブル
FOCL シリーズ

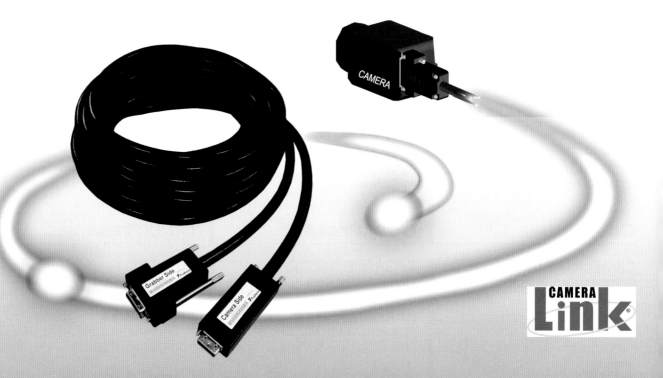

カメラリンク規格の画像信号を高速長距離伝送可能に

- ■カメラクロック 20 〜 85MHz で動作
- ■最大 100m 伝送
- ■Base/Medium/Full Configuration に対応
- ■カメラ・グラバボードに直接接続可能
- ■耐屈曲ケーブル (スライド屈曲耐久性 1,000 万回以上) をラインアップ

デモケーブル貸出あり！

ウェブサイトから購入可能です
フジクラ・アル・デンセン　http://www.aru-densen.jp/

株式会社フジクラ
クラウドコミュニケーションズ事業推進室
〒135-8512　東京都江東区木場 1-5-1
TEL 03-5606-1477　FAX 03-5606-1598　E-mail：aoc-info@jp.fujikura.com

最新のマシンビジョン製品をお届けします。

小型・汎用・ハイスピード USB／mipiインターフェース カメラ

Allied Vision 1 Product Line 130/140 シリーズ
独自のシステムオンチッププロセッサにより
小型化・低消費電力・高性能画像処理を実現。
- 30〜2100万画素
- MIPI CSI-2 ／ USB3.1Gen1（USB3.0コンパチ）
- ボード／フロントハウジング／フルハウジング

Ximea xiC シリーズ
画質に定評のあるSony Pregius CMOSを搭載
230万画素（165fps）〜1240万画素（31fps）、5機種
- USB3.1Gen1（USB3.0コンパチ）
- ダイナミックレンジ 70dB以上
- 小型（26.4x26.4x32.8㎜）、低消費電力

InGaAs搭載 ハイスピード・高画質 SWIRカメラ ／ 分光フィルタ搭載 超小型・ハイパースペクトルカメラ

 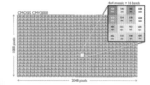 

Photonfocus MV3-D640I ／ Allied Vision Gold eyeシリーズ
- 波長特性 900〜1700nm
- 10万画素（320×256pix）
  30万画素（636×508 ／ 640×512pix）
- 高速スキャン 100fps〜344fps
- ダイナミックレンジ：約70dB
- mono8-14bit
- 2/3型Cマウントレンズ装着可

Ximea xiSpec シリーズ／ Photonfocus HS02/HS03
オンチップフィルタ構造のセンサを
搭載し超小型化を実現。
静止物の撮影が瞬時に可能。
- スナップショットモザイク
  16(4×4)／25(5×5) band
- ラインスキャン
  100+／150+ band
- USB3.0 ／ GigE I/F

高解像度／ハイスピード カメラ ／ 光切断・演算処理機能搭載 3D検査用カメラ

 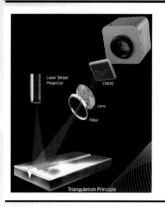

高解像度・illunis RMOD-71 ／ RMV-71
- 7100万画素（10000×7096pix）
- 空冷ファン搭載

高速スキャン・MIKROTRON EoSensMC4086 ／ 4087
- 400万画素（2336×1728pix）
- フルフレーム max560fps
- ROI：640×480pix・2000fps
- CoaXPress I/F

Photonfocus 3Dシリーズ
光切断法にて移動被写体にライン
レーザーを照射しカメラで連続スキャ
ンを行いとらえた画像を処理し3D
データを生成します。
- 光切断、演算処理機能搭載
- カメラから3Dデータ出力
- 幅2048 ／ 1280pix
- 高速スキャン、各種

当社 取扱い製品
小型・高解像度・ハイスピード・近赤外（NIR／SWIR）・光切断3D 機能搭載・ハイパースペクトル など各種カメラ
産業用／工業用レンズ、画像記録用ソフトウェア、画像検査用ソフトウェア等　産業用画像処理・マシンビジョン関連機器

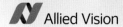  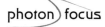

株式会社 アプロリンク

Web：www.aprolik.jp　E-mail：sales@aprolink.jp
〒273-0025　千葉県船橋市印内町 568-1-2
Tel：047-495-0206　Fax：047-495-0270

資料請求No. 011

キヤノンITソリューションズが提供する
高速・高性能・高耐久の産業用カメラ

防水・防塵、さらに広動作温度帯を実現!
耐振動・耐衝撃特性にも優れたエリアセンサカメラ

Baumer CX IP シリーズ

- 解像度 : 1.3～12Mピクセル
- フレームレート : 10～145 fps
- CMOSセンサ : SONY社製「Pregius」
  ON Semiconductor社製「PYTHON」
- 筐体サイズ : 40×40×51mm, 137g
- 保護等級 : IP 65/67
- 動作温度 : 0～65℃(VCXG.I)
  −40～70℃(VCXG.I.XT)
- 耐振動/耐衝撃 : 10G/100G

CameraLink / CoaXPress 規格対応
キーストーン補正機能搭載 3ライン8Kラインセンサカメラ

ELiiXA+ 8K Tri-linear
Line scan camera

- 8,192画素(7.5μm×7.5μm)
- カメラリンク(35kHz)/CoaXPress(69kHz)互換
- RGB 3ラインセンサ
- オンボードRGB構築
- キーストーン補正
- カラー処理機能搭載
- フラットフィールド補正(FFC)
- ITC/時間制御モード
- カスタム機能を実装可能なFPGA搭載

OPIE'18 産業用カメラ展に出展します
2018.4.25(水)-27(金)　パシフィコ横浜　展示ホールA,B　ブース番号:D-10

販売元/ **Canon** キヤノンITソリューションズ株式会社
https://www.canon-its.co.jp/solution/image/

プロダクトソリューション事業部
本　　社　〒140-8526 東京都品川区東品川2-4-11　TEL(03)6701-3450　FAX(03)6701-3498
大阪事業所　〒550-0001 大阪市西区土佐堀2-2-4　TEL(06)7635-3060　FAX(06)7635-3028
E-mail : image-info@canon-its.co.jp

資料請求No. 012

i-SPEED 7 SERIES

i-SPEED 713　1920x1080 pixel @ 6,380fps
i-SPEED 716　1920x1080 pixel @ 7,960fps
i-SPEED 720　1920x1080 pixel @ 9,944fps
i-SPEED 726　2048x1536 pixel @ 8,512fps

https://www.nacinc.jp

i-SPEED 713R
i-SPEED 716R
i-SPEED 720R
i-SPEED 726R

高速高精細
1,920×1,080pixel @12,742fps

大容量メモリ
288GB 搭載

ユーザフレンドリな操作
タッチパネル式のCDU

i-SPEED7シリーズは、ハイスピードカメラに求められる機能・性能をすべて搭載した「i-SPEED726」をトップモデルとし、用途や予算に合わせた4種類[*]をラインナップしています。**最高288GBの内蔵メモリを搭載可能なほか、超高速SSDモジュール**によって迅速かつ容易に大容量のイメージデータを転送・保存することができます。**タッチパネル式のCDUコントローラを採用し、**75m以上離れた場所からもカメラの操作が行えます。研究開発、飛翔体解析、先端材料試験などの分野で活躍します。

[*]全種類でRタイプ(耐環境型)を選択可能

ナックのご提案する解析アプリケーション

2D/3D 時系列PIVシステム

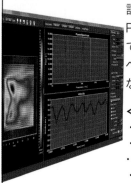

計測から解析まで一括制御が可能なPIVシステム。カメラ1台で2D、2台では3Dに対応。リアルタイムに速度ベクトルの重畳ができ、解析に最適な条件設定も容易に行えます。

＜応用例＞
・風洞試験の流れ解析
・燃焼場の流れ解析
・微小流路内の流れ解析(マイクロPIV)
・噴霧された微粒子の速度解析

温度解析ソフトウェア Thermias (サーミアス)

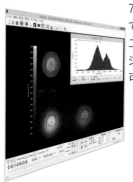

700℃～2800℃までの温度をMEMRECAMで撮影した画像データから解析。
二分岐光学系[*1]**TM2S**を使用すると従来システム[*2]より低温の対象物の温度解析も可能。

＜応用例＞
・溶接
・気流温度計測
・エンジン燃焼

[*1] 二分岐光学系：2波長の画像に分岐する光学系
[*2] FLAMMA使用によるカラー撮影データでの解析

コンパクトタイプ ハイスピードカメラ　MEMRECAM HX-7s

既存モデルを小型化
100×100×205mm

充実のインターフェース
USB3.0 、CFast対応

高感度・高精細
ISO 80,000(モノクロ)、500万画素

先端デバイス搭載により小型化と低消費電力を実現。機動性を重視した形となり、流体解析試験から燃焼技術、衝撃・破壊試験、落下試験、材料強度試験など高精細な映像でさまざまな研究開発用途から生産技術分野まで幅広いニーズにお応えします。

●お問い合わせ

株式会社 ナックイメージテクノロジー

ISO9001 認証取得

本　社 〒107-0061 東京都港区北青山2-11-3：03-3796-7900
大　阪 〒531-0072 大阪市北区豊崎3-2-1：06-6359-8110
名古屋 〒464-0075 名古屋市千種区内山3-8-10：052-733-7955
九　州 〒812-0011 福岡市博多区博多駅前3-6-12：092-477-3402

https://www.nacinc.jp

資料請求No. 013

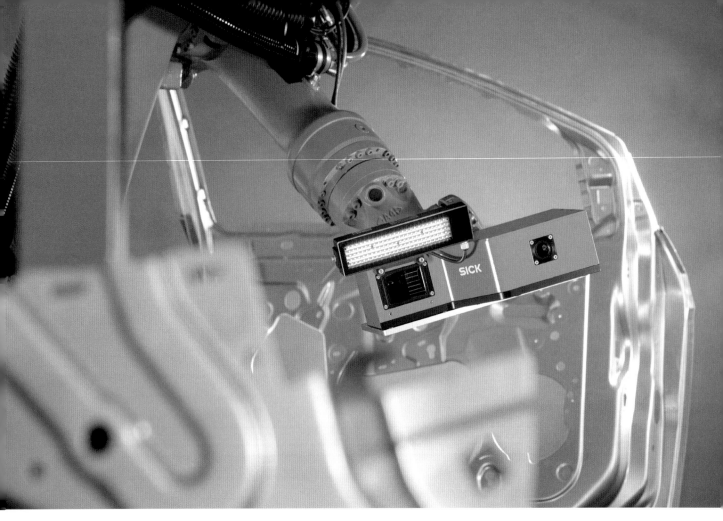

3Dマシンビジョン: プレスされたメタルパーツのハンドリングによって、コスト効果の高いロボットガイダンス

THIS IS **SICK**
Sensor Intelligence.

大きなプレスされたメタルシートをハンドリングしようとすることは、通常の製造工程のひとつにすぎません。パーツはしばしばフレキシブルでそれが保管されたラックは搬送中にダメージを受けるかもしれません。ラックは、しばしばフロアの規定された適切な場所に置かれることが難しくなります。
PLRは、サイクルタイムにインパクトを与えないような、パーツピッキングに必要とされる信頼性のある速度で測定結果を出力します。すべての必要な機能がひとつのデバイスに統合されていることで、PLRの設定とメンテナンスはビジョンセンサを使うのと同じように簡単に使用できます。

https://www.sick.com/jp/ja/system-solutions/robot-guidance-systems/plr/c/g265752

SICK ジック株式会社
Sensor Intelligence.

〒164-0012 東京都中野区本町1-32-2 ハーモニータワー13F
http://www.sick.jp
http://www.3Dmachinevision.jp
E-mail: support@sick.jp

本社・営業部、技術センター	〒164-0012 東京都中野区本町 1-32-2ハーモニータワー13F	電話 03-5309-2112
名古屋営業所	〒460-0009 名古屋氏中区栄2-13-1名古屋パークプレイス4F	電話 052-684-6775
西日本営業所	〒650-0047 神戸市中央区港島南町5-5-2神戸国際ビジネスセンター6F	電話 078-306-1501

資料請求No. 014

日本生まれのハイスピードカメラ FASTCAM

ハイスピードカメラはフォトロン
FASTCAM®

FASTCAM SA-Z

1. メガピクセル解像度で21,000コマ/秒の高速度撮影と、モノクロISO50,000(ISO 12232 Ssat Standard)の超高感度を両立。

2. 従来比10倍以上のデータ保存時間を実現する超高速データ保存オプション「FAST Drive」に対応。

3. 豊富なトリガー機能・波形データ収録機能・分周器機能・パルスジェネレータ機能・可変外部同期信号追従機能など、高速度計測システムとの高い連携を実現。

4. PIV・燃焼流・混相流・マイクロ流れなど様々な可視化計測に実績が有ります。

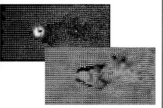

流体解析
空力性能試験、高速流れ、乱流、流体関連振動、空力騒音解析など、さまざまな流れの可視化計測が可能です。

混相流
液体/液体、液体/気体などの混相流や、粒径・粒子速度・粒子分布の可視化計測が可能です。

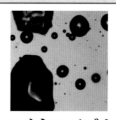

マイクロバブル
顕微鏡用レンズを装着し、光学20倍ほどの拡大撮影を行うことができます。マイクロバブルの生成、超音波による凝縮／拡散の観察ができます。

微粒化
粒度分布・噴霧ムラなどの解析を行うことができます。

(画像提供) 東京大学大学院工学研究科 井上智博様

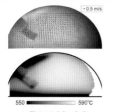

感温塗料
ハイスピードカメラと感温塗料粒子（TSParticle）の組み合わせで、空気の温度と流速を同時に面計測できます。

(画像提供) 産業技術総合研究所 染矢様

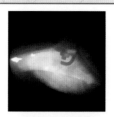

燃焼実験
エンジン燃焼や火炎の燃え広がり方を確認できます。
多波長計測による温度解析も可能です。

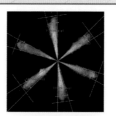

噴霧解析
解析ソフトを使い、噴霧試験の噴霧角、ペネトレーション（噴霧先到達距離）の数値化等の解析ができます。

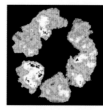

温度解析
専用の解析ソフトを用いることで、画像2色法を使用した火炎の温度計測を行うことができます。

(画像提供) 広島大学大学院工学研究科 西田恵哉様

FASTCAM® ブランドのハイスピードカメラは、世界中の研究開発施設・学術施設・生産現場で活躍しています。

メールアドレス **image@photron.co.jp**　インターネットホームページ **http://www.photron.co.jp**

 株式会社フォトロン

本　社　〒101-0051　東京都千代田区神田神保町1-105
　　　　TEL.03-3518-6271　FAX.03-3518-6279

名古屋　〒460-0002　名古屋市中区丸の内1-5-28　TEL.052-232-2149
大　阪　〒530-0055　大阪市北区野崎町9-8　TEL.06-7711-9066

資料請求No. 015

iDule

小型GSから50M画素までラインアップ

【新製品】1.2M画素 小型GSカメラ

- Global Shutter 1.2M画素
- 画素 3.75 x 3.75μm
- 1280 x 960 x 36.5fps
- φ14mm ヘッド分離
- M12/M10.5レンズ対応
- USB3.0/Camera Link
- 同期2ヘッド対応

Mono / Color

【新製品】SONY Pregius 5M画素カメラ

- SONY Pregiusセンサー
- Global Shutter 5M画素
- 画素 3.75 x 3.75μm
- 2464 x 2056 x 35.7fps
- Cマウント
- Camera Link
- 2TAP 12bit出力対応

Mono / Color

【新製品】BSI sCMOS UV 4M画素カメラ

- BSI 高感度4M画素センサ
- 深紫外～近赤感度
- 画素 11 x 11μm
- 2048 x 2048 x 57fps
- M42マウント/Fマウント
- I/F : Opt-C:Link
- 光1ch出力

Mono

【新製品】8Kオーバーサイズ 50M画素カメラ

- オーバー35mmサイズ
- Global Shutter 50M画素
- 画素 4.6 x 4.6μm
- 7920 x 6004 x 25fps
- M58マウント/Fマウント
- I/F : Opt-C:Link
- 光2ch出力

Mono / Color

1/3インチからオーバー35mmサイズ
VGAから50M画素まで多彩な製品を
ラインアップしております

 小型GS VGA  3M/5M 12M  50M

カメラ開発承ります
- 最新センサー対応
- MIPI対応
- 高速／高精細カメラ
- 小型／組込用カメラ
- 水中カメラ
- 360度カメラなど

---

iDule 株式会社アイジュール

〒272-0133 千葉県市川市行徳駅前2-17-2 TN.Kビル 4F
TEL 047-306-7155　URL: www.idule.jp

資料請求No. 016

URL http://www.ditect.co.jp

D/I/T/E/C/T
Digital Image Technology

■画像計測・解析ソフトウェア

ディテクトではあらゆる分野の課題を画像処理で解決するソフトウェア製品群をご提供いたしております。静止画、動画ファイルにアクセスして定量データを導きます。インターフェースは直観的で使いやすく、研究、開発の業務効率の向上に貢献いたします。
入力カメラからのシステムアップによるリアルタイム画像処理、計測もご提案いたします。

画像計測マクロ処理ソフトウェア
DIPP-MacroⅡ

動画ファイルや連番静止画ファイルにアクセスして、画像の中の情報を表出させる画像計測ソフトウェアです。豊富な処理メニュー、パラメータ、処理順序を選択・設定が可能で、あらゆる課題解決にお役に立ちます。使いやすいマクロリストは処理順序の入れ替え、途中の処理の修正、結果の反映などが簡単にできます。個数カウント、粒径分布、微粒子可視化など。

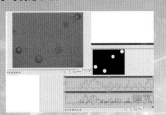

高性能2次元・3次元
モーションキャプチャーソフトウェア
DIPP-MotionV(five)

画像処理応用の運動解析ソフトウェアの定番ソフトウェアです。画像選択から追尾、校正、グラフ作成までの操作内容がツリー構造で明確化され操作の手順に迷いがありません。グレースケール重心採用で定量化誤差が格段に小さくなり、また、マーカーレスの場合の相関追尾トラッキング性能は他の製品の追従を許しません。

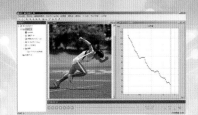

流体解析ソフトウェア
Flownizer2D

操作性と処理速度を重視して開発された流体解析ソフトウェアです。PIV、PTVの計測方法を備えています。風洞実験、水槽実験をはじめエンジン、エアコン、河川からマイクロ流路まで様々な分野でご採用いただけます。流線、流跡線はもちろん、渦度、乱流エネルギー、レイノルズ応力などの物理量計算も装備しています。ステレオPIV対応のFlownizer2D3Cもございます。

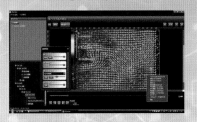

■高速度カメラ・ハイスピードカメラ ラインナップ

ディテクトハイスピードカメラ HASシリーズは、低価格で手軽で使いやすく、複数台同期撮影や便利なトリガー入力など充実した機能を搭載しており、研究開発から生産現場まで幅広くお使いいただいております。

HAS-EF【新製品】
520万画素 内蔵メモリ6GBのハイコストパフォーマンスモデル

HAS-EFは、有効画素数520万画素2560×2048ドット、フルフレームで250コマ/秒、フルハイビジョンで500コマ/秒、VGAで1400コマ/秒、最大14000コマ/秒の高速度撮影が可能なハイスピードカメラです。内蔵メモリを6GB有し、フルスペックでの複数台同期撮影も可能です。

HAS-U2
USB3.0接続、手のひらサイズの530万画素の高速カメラ

HAS-U2は、2GB内蔵メモリモードで、1980×1080で250コマ/秒、640×480で1000コマ/秒、576×256で2000コマ/秒など高度な撮影モードを有するベストコストパフォーマンスモデルの高速度カメラです。DMA転送モードにも対応しUSB3.0バスパワーでの運用が可能です。

HAS-U1
新型エントリーモデル 130万画素の高速カメラ

1280×1024で200コマ/秒、800×600で500コマ/秒、640×480で800コマ/秒など数多くの現場で十分な内容の撮影モードを有するハイコストパフォーマンスの高速度カメラです。USB3.0バスパワー駆動し、AC100V無しで運用可能なので、機動性高くご使用いただけます。2GB内蔵メモリ。

HAS-D71
VGAで8000コマ/秒可能なフラッグシップカメラ

ディテクトの最上位ハイスピードカメラです。新型高感度イメージセンサ搭載で格段に明るい鮮明な高速撮影が可能です。最速12万コマ/秒対応です。USB3.0とタッチ操作向き新GUIを採用し高性能カメラながら手軽にお使いいただけます。130万画素2000コマ/秒に対応する姉妹機種 HAS-D72もございます。

株式会社 ディテクト

東京本社 〒150-0036 東京都渋谷区南平台町1-8 TEL.03-5457-1212 FAX.03-5457-1213
大阪営業所 〒550-0012 大阪市西区立売堀1-2-5 富士ビルフォレスト5F TEL.06-6537-6600 FAX.06-6537-6601

Adaptive Vision Studio 4

アダプティブ・ビジョン
Machine Vision Software and Libraries

マウスによる直感操作で画像処理開発！
オールインワンの画像処理開発ソフトウェア

直感的なマウス操作による画像処理開発環境

- ■アイコン化された各機能を画面上で並べることでソフトウェアを作成するデータフロー型開発環境
- ■プログラミングスキルを必要とせず、開発期間を大幅に短縮
- ■GUIもマウス操作で作成可能
- ■プログラムをモジュール化して登録でき、大規模プロジェクトにも対応
- ■高い拡張性。機能追加、作成したソフトの書き出しが可能
- ■パワフルで充実したライブラリ

ディープラーニング機能を追加可能！

- ■追加ソフトDeep Learning Add-onにより、ディープラーニングによる画像処理機能を追加可能
- ■通常の画像処理とディープラーニングを1つのソフトで扱える、オールインワンの開発環境

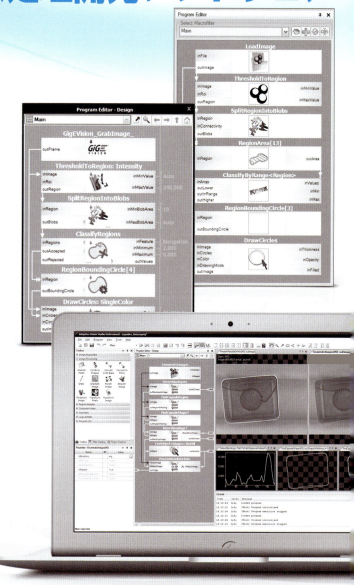

μマイクロ・テクニカ
株式会社マイクロ・テクニカ システム3部

http://www.microtechnica.jp

〒170-0013　東京都豊島区東池袋3-12-2 山上ビル
TEL：03-3986-3143　FAX：03-3986-2553
E-mail：3sales@microtechnica.co.jp

資料請求No. 018

Gz1804-24

産業用カメラとマシンビジョンの動向

Trend of Industrial Camera and Machine Vision System

(一社)日本インダストリアルイメージング協会
福井　博・山口　裕・佐久間 恒雄・津久井 明三

はじめに

　はじめに、マシンビジョンの国際標準化へのこれまでの取り組み（下に示す１〜６）を紹介し、つぎにマシンビジョンにおけるエンベデッドビジョンへの取り組みの背景及び最新の動向（同じく７〜８）について紹介する。

1．これまでのマシンビジョンの国際標準化への取り組み
2．マシンビジョンのインターフェース標準規格
3．マシンビジョンのインターフェース標準規格の技術概要
4．光インターフェースによる高速・大容量伝送化と規格の動向
5．レンズ及びレンズマウント規格の動向
6．照明及び照明規格の動向
7．インダストリアルIoT、インダストリー 4.0とマシンビジョン
8．マシンビジョンにおけるエンベデッドビジョンへの取り組み

これまでのマシンビジョンの国際標準化への取り組み

　これまでの10年以上にわたるグローバルなマシンビジョンの標準化活動において、マシンビジョン技術、製品における開発作業の重複を避けるとともに、現場の要求ニーズをカバーする各種仕様への対応や高速伝送、長距離への対応、多様なカメラを使いやすくするための標準規格化を推進し、アプリケーションソフトウェアの共通規格化により、流用性を上げてきた。

　また、小型化や低コスト化にも重要な要素として取りくみ、機能性を着実に改善してきた。

マシンビジョンのインターフェース標準規格

　マシンビジョンの初期の時代は、カメラとフレームグラバとのインターフェースには、RS170やCCIRなどのアナログテレビの標準規格が採用されていた。1990年代に入ると、デジタル技術が広く用いられるようになり、複数の独自インターフェースが使用されるようになったが、これはマシンビジョンのユーザーにとっては混乱の環境でもあった。

　一方、最初に登場したインターフェース標準規格は、民生用向けにApple社によって開発されたFireWire ／ IEEE1394であった。2000年にはCamera Linkが標準化され、広く市場に受け入れられた。Camera Linkは今もマシンビジョン業界で重要な役割を果たしているが、画像技術を活用するさらに広い産業分野に向けて、新しいインターフェース標準規格が制定された。

　ハードウェアとしては、2006年にGigE Visionが公開され、続いてCoaXPress、Camera Link HS、USB3 Visionがリリースされた。ソフトウェアではデジタルインターフェースとの親和性の高いGenICamとIIDC2がカメラ制御に共通なプログラミング仕様を定義する標準規格として、カメラモデルやインターフェースの種類に依存しないプログラミング環境を提

産業用カメラの選び方・使い方　**1**

供している。

インターフェース標準規格の技術概要

インターフェース標準規格は、カメラをPCにどのようにつなぐかを定義しており、撮像技術を簡単かつ有効に利用できるようにすることを目的としている。

画像処理システムは、多様なカメラ、フレームグラバ、画像ライブラリなど、さまざまな機器により構成されている。それらは、複数のメーカーによるものが混在している場合もある。インターフェース標準規格は、準拠した機器間のシームレスな相互運用を保証する。

初期のアナログ規格は、単にビデオ信号を伝送する接続のみを定義していた。カメラ制御やトリガ入力は別系統であり、ベンダー独自の接続方式であった。デジタル標準規格により、カメラ制御と画像データ転送は1本のケーブルで行えるようになった。デジタル信号による画像転送が、より高い柔軟性によりシンプルなシステム設計をもたらし、総合的なコストの低減が図れるようになった。

画像処理ソフトウェアは、図1に示す四つの基本動作、すなわち、カメラの認識と通信の確立、カメラの設定、カメラからの画像データの取得、カメラとホスト間の動作シーケンスの設定等の動作を実行する。これら四つの機能は図2に示す二つのソフトウェアレイヤで行われる。

第1はトランスポートレイヤ（TL）である。カメラの認識、低レベルのカメラレジスタのアクセス、カメラからの画像データの取得、イベントの通知を扱う。トランスポートレイヤは、ハードウェアインターフェース規格と密接に関連している。またインターフェースの種類により、それぞれ固有のフレームグラバ（Camera Link, Camera Link HS, CoaXPress）、もしくは、バスアダプタ（FireWire, GigE Vision, USB3 Vision）が必要となる。

第2は、ソフトウェア開発キット（SDK）の一部である画像取得ライブラリである。SDKは、単体で提供され、フレームグラバや画像処理ライブラリに含まれている。トランスポートレイヤを使用して、カメラの機能や画像データを取得する。

カメラ機能とそのレジスタ配置の方式には、GenICamとIIDC2という二つの標準規格があり、常に多くの規格拡張が検討されており、共通化したファームウェアアップデート仕様、3Dデータへの対応などが議論されている。

また、カメラのみならず、照明機器の制御やレンズ制御についても検討し、GigE Vision、USB3 Vision、照明、レンズの各分科会とも連携をとりながら、規格の拡張提案、普及を推進している。

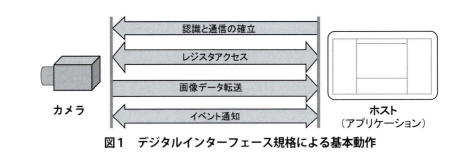

図1　デジタルインターフェース規格による基本動作

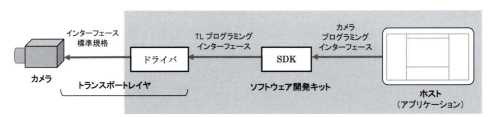

図2　デジタルインターフェース規格でのソフトウェアレイヤ

表1　カメラのインターフェースの標準規格と伝送速度

標準インターフェース	伝送速度（bps）	実効速度（bps）	規格制定
アナログ RS170、CCIR	～400M	～400M	—
IEEE1394.b	800M	700M	2002 年
GigE Vision	1G	800～900M	2006 年
CoaXPress(x1)	1.25～6.25G	1～5G	2010 年
CameraLink 80bit	7.1G	6.8G	2011 年
CL HS（CX4）	17G	14G	2012 年
USB3 Vision	5G	3G	2013 年

光インターフェースによる高速・大容量伝送化と規格の動向

　産業用カメラのイメージセンサは、200万画素（UXGA）以下の場合、これまでの実績やコストの優位性でCCDの需要が多かったが、今後システムの高精細化とともに、高速化の需要の高まりを受けて新世代CMOSの活用の場が広がり、最終的には全てのカメラがCMOSに置き換わることが予想される。

　しかし、カメラの高速化はイメージセンサだけでなく、インターフェースや信号処理部の高速化も同時に必要となり、現時点ではそれぞれに大きな課題が残されている。

【課題】
①高速デバイスの消費電力による発熱
②高速デバイスの高いコスト
③伝送路の反射、減衰による通信の信頼性低下

　高速化が進むマシンビジョンシステムでは、カメラとホスト側装置間のケーブルは10mを超えるものもあり、振動や電気ノイズなどがある環境下で使用されるケースを考えると銅線では限界があり、そろそろ長距離伝送が可能で電磁ノイズの影響を受けない光インターフェースを考える段階にきている。

　現在、光通信技術は"Ethernet"などで実用化され、光ファイバや光コネクタなどの光伝送用部品も汎用品が広く普及している。しかしマシンビジョンシステムでは、通信用途と異なる条件下で使用されることも多く、高屈曲性を持った光ファイバや、振動の加わる環境でも長期間に亘って安定した接続が保証される光コネクタなど、マシンビジョンシステム特有の環境を配慮した部品が求められている。

　JIIAでは、今後本格的な利用が始まる光インターフェースの活用に向け、マシンビジョンシステムに適合する光伝送用部品の標準化を目指し検討を進めている。

　現在、利用が予測されるシステム形態を考慮し、図3に示す以下のタイプを検討している。

①光コネクタ：ロック機構付12心光コネクタ
②光モジュール1：光／電気変換部内蔵小型モジュール
③アクティブ・オプティカルケーブル：光／電気変換部内蔵ケーブル
④光モジュール2：オプティカルケーブルと光／電気変換部内蔵レセプタクル

　これらの中で、①のコネクタをマシンビジョン用の光伝送インターフェースの初めての標準規格として、"12心MTコネクタ規格　OTM-001-2017"を2018年1月にリリースし、JIIAホームページに公開予定である。他の形態②～④については標準規格化を継続中である。

レンズ及びレンズマウント規格の動向

レンズの動向

　カメラのデジタル化に伴い、画像品質に対し格段の向上が望まれるようになった。これは従来のテレビフォーマットに対し、新たな各種フォーマットによる高画素カメラへの対応のほか、WOI等と呼ばれる部分読出しでの個々の画像取得に対する光量や解像力等の周辺域までの均質化など、補正・補償技術の実現により、より画像処理に適した高品位画像の要求が増えてきた。またITS（高度道路交通システム）

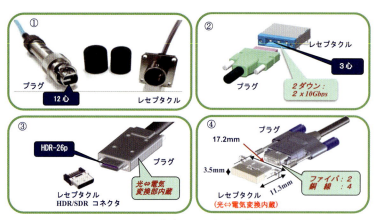

図3　マシンビジョン用光伝送標準部品

用途においては、従来は監視用カメラ・レンズが多く使用されていたが、監視だけではなく画像解析も含めた利用が始まり、本来FA用として開発されたカメラ・レンズの使用が増え、その境界が曖昧になってきた。このような流れの中で、FA、MV用レンズの動向として次のキーワードが挙げられる。

(1) 大型イメージサークル

特にFA、MV用途では、撮像素子の高画素化を図る際に、感度低下や回折現象による小絞りぼけを避けるために画素ピッチをあまり小さくできず、イメージサークルサイズが大型となる傾向にある。

(2) レンズの大型化、及び小型化

一般にレンズの高性能化にはレンズ構成枚数増や大口径化が必要になる。反面、システムとしては省スペースが要求されるため、非球面レンズ等の採用による小型化も進んでいる。

(3) 近接撮影対応

機構的に最短撮影距離を短くするほか、近接での使用に最適化した光学設計が増えてきた。

(4) テレセントリック

位置測定用途に適した物側テレセントリックのほか、撮像素子の斜光線特性による周辺光量低下等の影響を軽減するため、像側射出瞳の長いものが要求されてきた。

(5) 耐振動・衝撃

距離環や絞り環をねじで固定するもののほか、固定絞り交換式のものも増えてきた。また鏡筒内個々のレンズの固定法を改良し、振動・衝撃による光軸ずれを軽減した製品も出てきた。

(6) 電子制御

マイクロフォーサーズマウントや液体レンズなどを用い、絞りやピントを電子制御する装置も増えている。

(7) 3Dカメラ

ステレオ方式やTOF方式など、3Dカメラの需要が増えており、それに対応した性能が必要となってきた。

JIIAレンズ分科会ではマシンビジョン用レンズ、光学メーカー各社がカタログ等で使用している光学用語のうち基本的な60語について、様々な呼び方や定義を照合し、より標準的な用語と説明を一覧にまとめ、技術資料「マシンビジョンレンズ用語60」を2017年4月に発行した。

レンズマウント規格の動向

(1) 小型化

JIIAが設立された2006年頃の汎用マウントは、現在でも主流である"Cマウント"と"ニコンFマウント"であり、その他に、"親指カメラ"等で使う各社専用マウントがある状況であった。当時の撮像素子は対角11mm型（2/3型）か対角8mm型（1/2型）のCCDが殆どであり、既にCCTVカメラ用として普及していた"Cマウント"で対応できるイメージサイズであった。

JIIA分科会活動が軌道に乗った2007年5月頃、次世代インターフェース分科会よりレンズ分科会に対し、"PoCL-Lite規格"の特長を生かした小型カメラ用マウントの検討依頼を受け、プライベート規格であった"NFマウント"を、産業用世界規格である"JIIA LE-003 NFマウント"として規格化した。この

"NFマウント"は取付ねじをM17×0.75、FB（フランジバック）を12mmとした小型マウントで20mm角程度のカメラに最適のものであった。なお"NFマウント"は、後日JIIAにおいて光軸精度を向上する機構の検討を進め、"LE-006：NF-Jマウント"として改良した規格を提案し、既に小型カメラ用マウントとして製品に採用されている。

（2）大型化

"NFマウント"の規格化と同じ頃、MV用途としてもCMOSセンサが実用化され、様々な高画素センサが市場に出てきた。感度面を考慮し、画素ピッチをそのままに高画素化を図ると、必然的にイメージサイズは大きくなる。"Cマウントレンズ"は大きくても対角16mm（1型）用なので、それを超えるカメラには大判の"Fマウント"など35mm SLR（一眼レフ）用レンズが使われた。しかしながら、"Fマウント"はバヨネット式のためFA用途では耐振動性などで不利であること、FBが長く光学設計的に不利であることから、JIIAでは取付ねじをM35×0.75、FBを17.526mmとした"TLFマウント"、及び取付ねじをM48×0.75、FBを17.5mmとし、更に光学的位置精度（光軸精度）向上が図れる"TLF-Ⅱマウント"を"LE-004 TLF-Ⅱマウント"として規格化した。

（3）より使い易いマウントへ

さらにJIIAでは、"NFマウント"より小さいマウントとして、主にボードカメラで使用されるものからFA、MV用途に適した取付ねじM12×0.5をもつ"Sマウント"を"LE-005 S マウント"として規格化している。なおこの"Sマウント"は"Cマウント"等とは異なり、レンズとカメラとの組付時の機械的突き当てとなるフランジを持たない構造であり、レンズや鏡筒と撮像素子や光学フィルター部とが接触し機器を破損する恐れがある。したがって使用時には、画像を確認しながら組み付ける等の注意が必要である。

JIIAレンズ分科会では、米国AIA、及び欧州EMVA（European Machine Vision Association）の各協会メンバと議論を交わし、"LER-004：各イメージサイズ区分に対する推奨のメカニカルインターフェース"（表2）という指針を発行している。今後はこの指針に基づき、より扱いやすいマウントの規格化を推進していく。

照明及び照明規格の動向

FA・MV用の照明は、伝統的なハロゲンランプや蛍光灯等からLED照明への置き換えが進んできた。近年はLED素子が高出力化したことで一段と置き換えが加速してきた。一方で、高消費電力による発熱は照明システム設計への考慮事項として重要性が増してきている。

LED照明は形状の自由度が高いため、形状の自由度を生かしたカスタマイズが進んできた。LED素子の高出力化や対応波長の拡張等が組み合わされ、より多様化が進み、さらには特殊光源・特殊照明も上市されてきている。

LED照明は安定状態への立ち上がりが速いため、常時点灯から適時点灯など、LED照明の普及が照明制御にも変化をもたらしている。またカメラの制御ソフトの規格であるGenICamを拡張して照明制御を実現する取り組みが進み、GigE Visionインターフェースで制御可能な照明電源も既に開発されている。

LED照明に加え、レーザによるMV用途向けの照明も製品化されており、光源の多様化に伴いアプリケーションの多様化も進んでいる。

JIIAは、5協会からなるG3として互いに協力し合い、国際的な標準化活動を行っており、照明分野では下記5つのテーマで活動している。

（1）LED製品の性能測定、及び仕様表記

LED照明の性能を表す各要素（強度・均一性・指向性）の測定基準、及び仕様表記について、2017年11月に"ガイドラインJIIA LIR-002-2017（Light Performance Specification Ver.1.0）"を作成した。

（2）レーザ製品の性能測定、及び仕様表記

特にラインのパターンを持つレーザ照明について、座標や投影光の状態に関する用語定義や測定基準、仕様表記について、2016年11月に"ガイドラインJIIA LIR-001-2016（Laser Line Metrics, For use in machine vision and metrology applications Ver.1.0）"を作成した。2017年11月には"日本語対訳版（JIIA LIR-001-2017）"も作成した。

（3）照明用コネクタ

照明と周辺機器やカメラとの接続用コネクタの標準化に向け、メーカごとに異なる現状のカメラと照明に着目し、コネクタのI/O一覧表作成を含む技術文

表2　LER-004：イメージサイズ区分に対する推奨のメカニカルインターフェース

	JIIA LE-001		Reference	JIIA LE-002	JIIA LER-004	
	Image Size		Maximum Image Format	Mount Size	Recommended Mechanical Interface	
Class	Greater than [mm]	Less than or Equal to [mm]	[TYPE]	[mm]	1st choice	2nd choice
I	0	4	≈1/4	6.3	-	M6.3x0.5
				8	-	M8x0.3
II	4	8	≈1/2	10.5	-	M10.5x0.5
				12	S	-
				15.5	-	M15.5
				17	NF	-
	8	16	≈1	25.4	C, CS	-
III	16	31.5	≈2	35	-	TFL
				42	M42x1	-
				48	48 mm Ring	-
					TFL-II	-
					F [2]	-
IV	31.5	50	≈3	52	-	M52
				56	M58x0.75 [2]	-
V	50	63	≈4	64		
				72	M72x0.75	
VI	63	80	≈5	80		
				90	M95x1 [2]	-
VII	80	100	≈6	100	M105x1 [2]	-
				125		

書化を進めている。

（4）照明用制御コマンド

　照明の制御コマンドはGenICamの用語統一化を進めるSFNCの拡張として検討され、2017年10月の国際会議（広島）で審議され、GenICam2.4.2（Draft2）として規格化が承認された。また、GenICamを必須とするGigE Visionの適合検証内容も拡張され、GigE Vision対応照明の認証が正規に行われるようになった。

（5）FA・MV用照明製品の光生物学的安全性

　レーザやLEDに関する既存の規格を参照し、マシンビジョンシステムに特化適応できるものに整備すべく構想中である。

■インダストリアルIoTや
インダストリー 4.0とマシンビジョン

　製品やサービスのビジネスモデルにおいて、企画、開発、設計、調達、加工、生産、納入、稼働、運用保守、修理リサイクルまでのライフサイクルの各々の"業務プロセス"ごとのデータをインターネット経由で、収集、分析、学習して次のビジネスへの新しい価値の製品やサービスの創生、機能やデザインの価値改良、業務の効率向上、コストダウン、環境影響改善等を実現するという考え方をグローバルに展開する企業が生まれている。

　また、製品やサービスの"業務プロセス"ごとに切り分けて管理しつつ結びつきの仕方のルール（インターフェース）を標準化して水平分業化し、それぞれの"業務プロセス"をモジュール化して、全体最適な新しいビジネスモデルを実現するという考え方で、インターネット（ネットワーク）経由でデータを吸い上げ、顧客満足および業績に貢献する新しい仕組みを実現し成果を上げている。

　2015年以降、これまでの海外のインダストリアルIoT、インダストリー 4.0の動向に対し、日本では経

済産業省も関与して、Connected Industries等の産業界への指針を作成し、多くの産業分野の団体、企業の参画を得て、過去の系列の枠組みを超えて"業務プロセス"のモジュール化と標準化の展開を推進している。

2015年にマシンビジョンの国際標準化を推進するG3の会議において、ドイツVDMAからエンベデッドビジョン（Embedded Vision）の標準化の検討会の報告、および提案があり、マシンビジョンにおけるエンベデッドビジョンへ向けて三つの標準化テーマに分けて、具体化するための取り組みが始まっている。

G3とは欧州、北米、アジアの3地域の国際標準化のための5協会のグループを示している。マシンビジョンシステムの標準化のための国際協調に関する連立協定（"Global coordination of machine vision standardization"）に合意した、欧州EMVA、ドイツVDMA、北米AIA、日本JIIA、中国CMVUの5協会で構成され、国際標準化を推進、普及を目指す活動を展開している。欧州、北米、アジアの3地域持ち回りで毎年2回、標準化の国際会議を開催している。またマシンビジョンシステムの各展示会場での国際会議のほかに、常時グローバルな標準化のための各種分科会活動を各協会で協力して新しい標準化提案の規格化について議論を交わしている。

マシンビジョンにおける エンベデッドビジョンへの取り組み

マシンビジョンにおけるエンベデッドビジョンへの取り組みは、インダストリー4.0構想にも組み込まれて加速している。この取り組みの背景として、次のような五つの課題がある。

①工場内の生産設備システムとマシンビジョンシステムの連携とコミュニケーションは貧弱で、工場内のネットワーク環境とのつながりが乏しかった。
②生産設備システムとマシンビジョンシステムとの双方に新たなシステムを導入して連携をとるためにかける追加コストは可能な限り低く抑えたい。
③ネットワーク環境につながるマシンビジョンにおけるエンベデッドシステムに関連するソフトウェアの追加導入にかけるコストも可能な限り低く抑

えたい。
④インダストリー4.0の生産プロセス（ネットワーク）環境とマシンビジョンのハードウェア、ソフトウェアの接続仕様を標準化し使い易いインターフェースを実現したい。
⑤国際的に標準的なソフトウェアアクセスで、工場内で必要になるすべての階層のアプリケーションとのアクセスを実現できる仕組み（インターフェース）を実現したい。

これらの課題の実現においては、マシンビジョン製品は単品の機器ではなくなり、ビジョン機器以外とも統合・連携により、ロボット等のマシンプロセス、検査プロセス、メンテナンスの自動化などへの適用を可能にする重要な役割を果たしていく必要がある。小型で、流用性があり、ネットワーク網に接続され、かつコストを下げ、小さくしたビジョン機器（小型カメラモジュールや組み込み画像処理モジュール）が必要とされる。

マシンビジョンにおけるエンベデッドビジョンとして、三つのテーマに取り組んでいる。

（1）マシンビジョンシステムと生産プロセスの ネットワーク環境との連携

ドイツVDMAのマシンビジョングループが、工場内コミュニケーション標準規格の推進団体であるOPC-UAアライアンスと提携して、OPC-UA標準規格とマシンビジョンを関連づけ、連携させるための新しいインターフェースのOPC-UA付随仕様書作成を目指す取り組みを始めている。この規格には欧州EMVAと協力してマシンビジョン制御のソフトウェア規格である"GenICam"を拡張させて盛り込むことを提案している。

（2）エンベデッドプロセッサとソフトウェアAPI

これまでのマシンビジョンシステムで使われていた画像処理プラットフォームが、従来のPCからエンベデッドビジョンプロセッサに置き換わっている。スマートフォン内部に組み込まれたカメラ機能、多様な画像処理機能は大きく進化し、高速になり、低消費電力、かつ小型、低コストで実現されており、マシンビジョンのソリューションに大きなインパクトを与えている。

CPUを内蔵し進化したFPGAによるエンベデッドプロ

セッサや画像処理機能が進化したSoC、また高度な画像処理をこなす専用画像プロセッサなどの多様なスマートデバイスをマシンビジョンの画像処理プロセッサとして活用し始めている。

このような多様なエンベデッドプロセッサを活かすためのソフトウェアAPIとして、マシンビジョンのソフトウェア標準規格である、"GenICam"を拡張させる取り組みを欧州EMVAが主管となり推進している。

(3) 小型カメラモジュールとエンベデッドプロセッサをつなぐインターフェースの標準化

スマートフォンのカメラ用CMOSイメージセンサのインターフェース規格である"MIPI CSI Standardアライアンス"と提携して、マシンビジョン用のカメラモジュールとエンベデッドプロセッサ（画像処理）モジュールとを接続する標準インターフェースとして、産業用途向けとしてのMIPIインターフェースを規格化する取り組みが始まっている。このインターフェースの標準化においても、マシンビジョン制御のソフトウェア規格である"GenICam"を拡張させ、国際標準化を目指す取り組みを提案している。

しかし、MIPI CSIのインターフェースはスマートフォンのカメラインターフェース規格であり、産業用途向けには高速伝送の信頼性、ケーブル長、コネクタ（電源など）のインターフェースとしての標準化には課題がある。

一方、マシンビジョンにおけるセンサモジュールとエンベデッドプロセッサモジュールをつなぐ標準インターフェースとして、CMOSイメージセンサのインターフェース仕様である、"SLVS-EC (Scalable Low Voltage Signaling with Embedded Clock)"を適用することをJIIAのエンベデッドビジョンIF分科会として国際標準化に向けて検討を開始している。今後、G3グループの5協会に対してJIIAが主導で国際規格化に向けての取り組みを提案し、関連するハードウェアや関連デバイス、及びソフトウェア等の各ベンダーの参画と技術提案を促し、規格化を加速していく予定である。

■ おわりに

JIIAにおける標準化活動は、その活動の中で業界標準と成り得る技術仕様の策定をし、その仕様を規格化すること、さらに規格化した仕様をマシンビジョン業界に対し普及させることがその大きなミッションである。

JIIAの標準化活動は、三つの専門委員会（カメラIF専門委員会、カメラプロトコル専門委員会、及び撮像技術専門委員会）の下で行われているが、今回紹介した光伝送メディア、照明、レンズ、エンベデッドビジョンIFなどもグローバルスタンダードとしての普及を目指しG3の5協会（AIA、EMVA、VDMA、CMVU、JIIA）と協調して活動を進めている。

マシンビジョンにおいてインターフェースのハードウェア、ソフトウェアの仕様の多様な用途への対応に向けて、変革が進んでいくときであり、標準化活動の重要性が増してきている。読者の皆様のご協力を頂きつつ、今後も引き続き最新技術、ならびに市場動向を注視し、活動を推進していく所存である。

なお、JIIAのHPアドレス（http://jiia.org）から、規格書等のダウンロードができる。

【筆者紹介】

(一社)日本インダストリアルイメージング協会
（略称：JIIA）

〒169-0073　東京都新宿区百人町2-21-27
（アドコムメディア㈱内）

福井　博
JIIA副代表理事、標準化委員会副委員長
カメラIF専門委員会委員長
光伝送メディア分科会主査、カメラリンク分科会主査
（ダイトロン㈱）

山口　裕
JIIA標準化委員会　撮像技術専門委員会委員長
レンズ分科会主査
（東芝テリー㈱）

佐久間 恒雄
JIIA標準化委員会副委員長　撮像技術専門委員会
照明分科会主査
（キリンテクノシステム㈱）

津久井 明三
JIIA理事、事務局長（事務局E-mail：sec@jiia.org）
（㈱日立国際電気）

エリアスキャンカメラ
Area scan camera

東芝テリー㈱
伊勢　薫

はじめに

最近、AIやディープラーニング、IoTやスマートファクトリー、ロボットビジョンなどのワードを耳にする機会が増えてきた。これらに関連する展示会も人気となっており、今後のビジネスとして有望と見られている。

これらのワードに共通する課題として、色々な事象をデータとして効率的に収集し有益に活用することがあり、目的にマッチしたデータが重要となっている。用途によっては画像データの活用が効果的な事例があり、特に画像の数値化が必要な用途では、産業用カメラの出番となってくる。本稿では、「機械の目」としての産業用カメラの特徴を紹介する。

なぜ産業用カメラなのか

被写体の画像を電子データ化の手段としては、みなさまの身近にあるデジタルカメラやスマートフォンなどでも可能である。「なぜ産業用カメラを？」とお考えの方もいらっしゃるかもしれない。確かに被写体を撮影する機能としては、これらの全てに備わっている。

しかし、産業用ロボットや装置等を画像データにより制御する用途では、取り込んだ画像を計測し、その上で解析する必要がある。この様な用途では画像処理に適した画像を撮影しシステムに提供することが非常に重要となっている。ここで、「機械の目」として活躍するのが、産業用カメラである。

産業用カメラの分類

産業用カメラには、多種多様な機能や仕様が存在するが、本節では、表1の黄色の範囲を解説する。

スキャン方式による分類

被写体をどの様な切り出し方で捉えるかがスキャン方式で、それぞれに特徴がある。

表1　本書における産業用カメラの分類

分類	スキャン方法	解像度	フレームレート	波長	カメラサイズ	用途等
産業用カメラ	エリアスキャン	(汎用解像度)	高速度	赤外線 近赤外線 紫外線	超小型 ボード	監視・ネットワーク スマート 3D モーションキャプチャ 防爆 被写界深度拡大 サーモ X線 顕微鏡用 水中 など
		高解像度 ※本書では 9M画素超	(汎用速度)	(可視光)	(汎用サイズ)	

- ラインスキャンカメラ

　文字通り、画素が横一列にライン状に並んだカメラである。被写体を線で捉えることになるため、被写体またはカメラ自身が画素ラインに対して直角方向に移動しないと画像にならない。長尺のロール紙や布のような巻物の検査のように被写体が動くことが前提の用途では、連続した画像を撮影することができてメリットが大きい。最近は4ライン（例えばRGB＋Y）や5ライン（RGB＋Y＋IRなど）のものも存在する。詳細は次節以降にお任せする。

- エリアスキャンカメラ

　デジタルカメラやスマートフォンのカメラと同様に、水平(H)方向と垂直(V)方向に画素が配列されたカメラで、被写体を二次元の面として撮影することができる。応用範囲が広く、本節のテーマである。

解像度による分類

　一昔前はメガピクセル（100万画素）程度であれば高解像度といわれていたが、今日では300万画素（以下3M）、500万画素（同5M）級のカメラが主流となっており、それよりもさらに高画素のカメラも使われている。本書では900万画素程度以上のものを高解像度カメラと称する。本節ではそれ未満のものについて言及する。

センサー光学サイズ、画素サイズによる分類

　カメラで使用するエリアセンサーには1/3型、1/2型、1型などの光学サイズがあり、画像処理に適した良い画像を得るためには、光学フォーマットに適したレンズの選定が重要となる。また、前述した解像度（画素数）、画素サイズの構成はセンサーの光学サイズと相関関係にある。

フレームレートによる分類

　フレームレートとは1秒間に何フレームの画像を撮像可能かということを表している。

　何フレーム/秒（frames per second＝以下fps）を超えるものを高速度カメラと呼ぶ、という定義はないようであるが、数千fps超を一般的には高速度カメラと呼ぶようである。

波長による分類

　一般的な撮像素子は、可視光領域にのみ感度があり、赤外線や紫外線にはほとんど無い。特殊なセンサーを採用したものが赤外線カメラ・紫外線カメラとして販売されている。

カメラサイズによる分類

　組み込み用に外形を小さく、またはボード供給に対応しているカメラもある。

その他用途による分類

　監視・ネットワークカメラ、画像処理内蔵のスマートカメラ、3D計測用カメラ、モーションキャプチャー、防爆仕様カメラ、サーモカメラなど、用途により特殊な仕様のカメラが使われている。

産業用カメラの用途

　一般的に考えられる用途として

- （主に製造業において用いられる）製造・検査装置内に搭載される
- 産業用ロボットの目となるもの
- 顕微鏡などの観察機器に搭載される
- 非破壊検査等に使用される
- 医用・歯科・工業用内視鏡に組み込まれる

など、多様である。

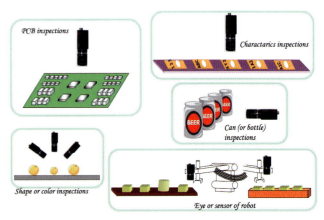

図1　産業用カメラの用途例

最近では、光電センサーの代わりとして使用されるカメラも台頭しており、ますます用途は拡大している（図1）。

産業用エリアカメラの撮像素子

代表的な撮像素子（イメージャーやセンサーと呼ばれるもの）は、CCDおよびCMOSである。かつての中心であった撮像管からバトンを引き継いだCCDセンサーは主力になって30年以上が経過し、生産減少傾向にあり数年内には完全終息を迎えるようだ。CMOSセンサーの発展・進化によりその役目を終えることになる。

では、動作と特徴の比較をしてみよう。

CCDとはCharge Coupled Deviceの略であり、代表的なインターライン方式においては受光部で光電変換した信号電荷を一斉に垂直転送CCDに移したあと、垂直方向に転送し、水平転送CCDから1ラインずつ読み出すものである（図2）。

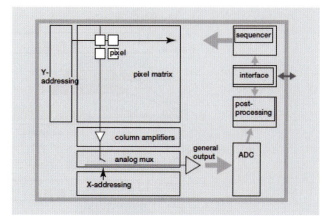

図3　CMOSの読み出し動作

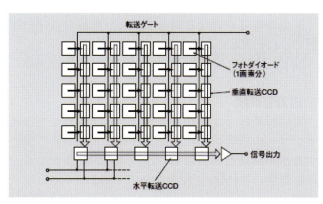

図2　CCDの読み出し動作

CMOSとはComplementary Metal Oxide Semiconductor（相補性金属酸化膜半導体）の略で、一般的にはLSIやメモリーに使用される半導体を使用した素子である。CMOSセンサーは画素ごとにフォトダイオードとアンプが配置され、これを読み出すことで画像を出力する（図3）。

感度とS/N

従来、CCDセンサーはCMOSセンサーと比較して、高感度で低ノイズというメリットがあるといわれていた。近年は、CMOSセンサーの感度アップ、ノイズの減少により、その点においてはほとんど差がなくなっている。

シャッター方式

CMOSセンサーはローリングシャッターと呼ばれるラインごとに露光し読み出す方式が主流であった。これは、産業用カメラでは、あまり好ましくない場合がある。例えば車が右から左に移動しているとしよう。

ローリングシャッター方式では各ラインの露光開始時間が異なるため、車がゆがんだような画像が出力される。この画像は計測に適しているとはいえない。

一方グローバルシャッター方式は、CCDと同じように各ラインの露光開始時間が同じため、移動物体を撮像しても出力画像はゆがみがないものが得られる。画像処理や画像計測にはこちらのほうが適しているため、産業用ではこちらの方式が好まれることが多い（図4）。

もちろん、ストロボを併用すればローリングシャッターでもゆがみのない画像をとることができるが、その際には露光開始の制御等に工夫が必要となる。

画素数について

今のカメラの主流は前述の通り3M、5Mであるが、25M、50Mなどさらに画素数が多いセンサーも存在する。

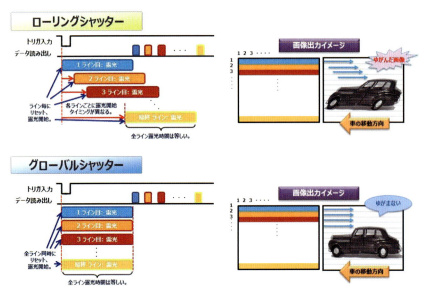

図4　シャッター方式の比較

　画素数は当然多いほうがよいと考える向きもあるであろう、では1画素が3.45μmの正方格子の5Mカメラと、1画素1.85μmの正方格子の5Mカメラは同じ画質であろうか……？

　汎用の産業用カメラレンズではレンズ解像力の関係上、残念ながら画素が小さいと十分な性能が得られない。しかし1画素が大きく画素数が多いとセンサーの撮像エリアの大きさ（＝イメージサイズ）が大きくなり、産業用として標準的なCマウントでは不充分となる場合があり、その場合は特殊なマウントのレンズが必要となる。最近の傾向として、産業用カメラのレンズは、1型のイメージサイズで、3.45μmの画素に対応可能なものが各メーカから出ている。光学レンズの詳細は範囲外となるので、ここではこの程度理解していただければ十分である。

カラーか白黒か

　産業用カメラにおいては、圧倒的に白黒の比率が高い。その主な理由は画像データを軽くして画像処理にかかる処理時間（タクトタイム）を短くするためであるが、最近はセンサー、及びカメラインターフェースの高速化、CPU処理能力の大幅な向上によりアプリケーションによってはカラーが選ばれるケースが増えてきている。

産業用カメラのスペック

　撮像素子の基本について前項で述べたが、カタログ仕様はメーカにより表記が異なる場合や同じ項目でも測定条件が異なる場合があり、単純な数字の比較では良し悪しがわからない場合がある。

　以下、注目すべき項目について説明していこう。

出力画素数

　有効画素数とは異なる数値なので注意。こちらはセンサーの画素数ではなく、カメラが標準的に出力する水平×垂直画素数をいう。一般的にはモニターの解像度に合わせた出力となっている。

シャッター速度（シャッタースピード・露光時間）

　通常数秒から1/100,000秒程度まで設定することができる。速度が速ければ移動物体の撮像に優位であるが、速いほど暗くなる、その際には照明等で補う必要がある。また、自動でシャッター速度を決めるオートモードが搭載されているものも多い。

フレームレート

　秒何フレームかという数値であるため、画素数が多いと当然低くなるケースが多い。しかし最近のCMOSセンサーは5Mクラスでも100fps以上出力できる

表2　カメラの仕様の例

	B/W			B/W	B/W	5M
画素数	1.3 M	2M	2.3M	3 M	4M	
型名	BU132M	BU205M	BU238M	BU302MG	BU406M	BU505MG
デジタルインターフェース			USB3.0 (SuperSpeed)のみサポート			
撮像デバイス	1/1.8型 GS-CMOS (EV76C560)	2/3型GS-CMOS (CMV2000)	1/1.2型GS-CMOS (IMX174)	1/1.8型 GS-CMOS (IMX252)	1型GS-CMOS (CMV4000)	2/3型 GS-CMOS (IMX250)
解像度	1,280 (H) X 1,004 (V)	2,048 (H) X 1,088 (V)	1920(H) x 1200(V)	2,048 (H) X 1,536 (V)	2,048 (H) x 2,048 (V)	2,448 (H) X 2,048 (V)
出力フレームレート	61 fps	170 fps	165 fps	90 fps	Mono 10 / 12 : 63 fps	Mono 8 : 75 fps / Mono 10 / 12 : 39 fps
画素サイズ	5.3 (H) X 5.3 (V) μm	5.5 (H) × 5.5 (V) μm	5.86 (H) × 5.86 (V) μm	3.45 (H) X 3.45 (V) μm	5.5 (H) X 5.5 (V) μm	3.45 (H) X 3.45 (V) μm
電子シャッタ	MANUAL:30 μs～1s, ランダムトリガシャッタ			MANUAL : 30 μs～16 s, ランダムトリガシャッタ		
外部同期				プログレッシブ		
カラーフィルタ設計						
感度	500 lx, F5.6, 1/82.5 s	3,800 lx, F8, 1/200 s	3,300 lx, F8, 1/200 s	3250 lx, F5.6, 1/120 s	3,500 lx, F11, 1/90 s	2100 lx, F5.6, 1/75 s
最低被写体照度	2 lx, F1.4 (ゲイン +18 dB, 映像レベル 50%)	7 lx, F1.4 (ゲイン 8dB, 映像レベル 50%)	7 lx, F1.4 (ゲイン +18 dB, 映像レベル 50%)	7 lx, F1.4 (ゲイン +24 dB, 映像レベル 50%)	4 lx, F1.4 (ゲイン 8dB, 映像レベル 50%)	7 lx, F1.4 (ゲイン +24 dB, 映像レベル 50%)
γ補正			γ=1.0～0.45相当（出荷時設定：OFF　γ=1.0）			
GAIN	MANUAL (デジタルゲイン) 0～+18 dB (出荷時設定値：0)	MANUAL (デジタルゲイン) (出荷時設定：1段)	MANUAL -6～+18 dB (デジタルゲイン)	MANUAL 0～+48 dB (デジタルゲイン)	MANUAL (デジタルゲイン) 1～-8dB (出荷時設定：1段)	MANUAL 0～+24 dB (デジタルゲイン)
ホワイトバランス						
出力方式						
静止出力フォーマット	Mono 8 bit 全画素、スケーラブル モード、 ビニング	Mono 8 bit 全画素/スケーラブルモー ド、デシメーションモード/ 水平反転、画像反転	Mono 8 bit 全画素、スケーラブル モード/水平反転、画像反転	Mono 8 / 10 / 12 bit 全画素、スケーラブル、 ビニング、デシメーション	Mono 8 bit 全画素/スケーラブルモー ド、デシメーションモード/ 水平反転、画像反転	Mono 8 / 10 / 12 bit 全画素、スケーラブル、 ビニング、デシメーション
電源			DC5 V ± 5%（USBコネクタより供給）			
消費電力	1.7 W以下	2.7 W以下	2.9 W以下	4.0 W以下	2.7 W以下	2.7 W以下
レンズマウント				Cマウント		
外形寸法			29 (W) × 29 (H) × 16 (D) mm（突起部除く）			
質量				約 51 g		
使用湿度、温度			使用温度：0℃～40℃（但し結露無き事）/ 湿度：10%～90%（非結露）			
規格			CE, FCC, RoHS, USB3 Vision, GenICam, IIDC2, WEEE			

ものがある。

　ここで注意してほしいのは、シャッター速度はフレームレートに影響するということである。例えば、カメラが5Mで40fpsと規定されていたとする。その場合シャッター速度（＝露光時間）を1/30秒に設定した場合は、当然ながら40fpsは出力されず、30fps程度となる。

感度

　感度（または標準被写体照度）は映像レベル（白レベル）が100％になる条件を照度・絞り値・色温度で記載したものである。一般的に特に記載のない場合は露光時間1/30sに換算した数値で表記されている。

表3　各インターフェースの比較表

	USB3.0	Gigabit Ethernet	Camera Link	CoaXPress
転送速度（帯域幅）	<4Gbps (5Gbpsの80%)	<1Gbps	2.04Gbps (BaseConfiguration)	5Gbps (6.125Gbpsの80%)
制御手順の統一性	USB3Vision (GenICam/IIDC)	GigEVision (GenICam)	Non-Standard	GenICam/ IIDC2
複数台カメラ	Good	Excellent	Depends on FGB	Depends on FGB
複数台同時転送	Excellent	Good	Depends on FGB	Depends on FGB
バス経由電源給電	Standard	Limited to POE	Limited to PoCL	Standard
簡便性（非専門性）	Excellent	Good	Not good	Not good
CPU負荷	Low	Slightly High	Very low	Very low
コネクタ サイズ	Excellent	Excellent	Not good	Excellent
コネクタの信頼性	Good	Good	Excellent	Excellent
最大ケーブル長	5m ? (規格上制約無)	<100m	<10m	<100m

最低被写体照度

　必ず表記されているわけではないが、感度が最大になる設定のときの映像レベルが50％となる照度のことである。メーカにより映像レベルを25％で規定するところもあり、測定方法にばらつきがあるため、数値は参考程度としていただきたい。

産業用カメラのインターフェース

　産業用カメラの選択において重要な要素として、どのインターフェースを選ぶかということがある。それは、ユーザや販売店のみならず、システムインテグレーターでも的確に選ぶのは難しいかもしれない。

　従来のテレビフォーマット（いわゆるアナログ出力）品はテレビ放送のデジタル化により、終息の方向をたどりつつある。ではアナログの代わりに何を選ぶか？インターフェースを紹介する。

　まずは、各インターフェースを比較してみよう（表3）。

　緑がアドバンテージポイントであるが、先述のとおり、全て緑のインターフェースは残念ながら存在しない。個別に解説する。

USB3.0（USB3Vision）

　USB3.0ポートはPCの標準インターフェースであるため、グラバーボードは不要である。映像転送速度（帯域幅）は8b/10b方式を採用していることから、5Gbpsの80％（4Gbps相当）であり、現行のCMOSセンサーの性能を生かすのに十分な帯域といえる。前身のUSB2.0では、カメラの通信方法がベンダーごとに異なっているため運用が困難であった。「USB3 Vision」の規格名でマシンビジョンカメラ標準規格として通信プロトコルが統一され、ここ数年でシェアが伸びている。

　唯一と言ってよい欠点のケーブル長も、光ケーブルやケーブルメーカの努力で克服しつつある。

　規格としてはすでに USB3.1 Gen2で10Gbpsへの拡張がされているが、カメラベンダーとしてはカメラ用の物理層チップが出てくるのを待っている状況にある。ちなみにUSB3.1といってもGen 1 は従来のUSB3.0 Super Speedの5Gbpsと同一で、コネクタに

Type Cコネクタが採用されたのみなので注意頂きたい。

Gigabit Ethernet（GigE Vision）

Gigabit Ethernet（以下GigE）はPCの標準インターフェースで、とくに海外でのシェアは大きい。転送速度については、CMOSセンサーが高画素・高速化しているため、1Gbpsの帯域ではではフレームレートを落とさなければならない場合がある。ただ長距離伝送（100mまで）が可能なため、装置等が大きくてもケーブルの引き回しに悩まされないというメリットがある。「GigE Vision」の規格名でマシンビジョンカメラ標準として規格化されている。

Camera Link

産業用途向けカメラのデジタルインターフェースとしての歴史は古く、日本国内では根強い人気のインターフェースである。Camera LinkはBase/Medium/Fullと呼ばれる3種のConfigurationでスタートしたが、現在はLiteとDecaを加えて5種となっている。PCに入力ポートが無いため、取り込むにはCamera Link用のフレームグラバーボードが必要となる。電源重畳のPoCL（Power over Camera Link）や小型化をターゲットとしたPoCL-Liteに派生している。より超高速転送が可能となる次世代Camera Link規格であるCamera Link HSもある。当初は制御方法としてGEN<i>CAM やIIDC※といった産業用向けのプロトコルが確立されていなかったが、最近GenCPが提案規格化された。GenCPを新たに採用している製品は未だ限定される。

CoaXPress

1本の同軸ケーブルで電源供給・カメラ制御・映像出力が可能。アナログにおいて実績十分の同軸ケーブルを利用できる。データの転送速度は、8b/10b方式の採用により最大で5Gbps（6.125Gbpsの80％）と高速になっている。長距離伝送（100mまで）が可能。

※IIDC・IIDC2
　元々はIEEE1394 Trade Association内で制定された産業用途向けカメラプロトコルである。IEEE1394のみではなく、USB3 VisionやCoaXPressに適用できるようになっている。GEN<i>CAMとの違いはカメラのレジスタに限定して定義している点である。

一見デメリットは無いかのように見えるが、PCとの接続はCoaXPrss用のフレームグラバーボードが必要となる。

以上より、アナログの置き換えを考えた場合、残念ながら完全にカバーできるものはない。各インターフェースの長所を生かして選ぶことをお勧めする。

その他のカメラインターフェースを知りたい、またデジタルインターフェースについて詳しく知りたい方は、日本工業出版より出版されている画像ラボ増刊「産業用カメラのインターフェースのポイントとアプリケーション」に掲載されているのでそちらを参照していただきたい。

おわりに

いろいろ書いてきたが、カメラを選択するときは、まずはカメラで何をしたいか（＝用途）についてしっかり考えることが重要であると考えている。

- どれくらいの被写体（＝ワーク）において、どれだけの精度で検出したいか？
- その処理にかけられる時間（＝タクトタイム）はどのくらいか？
- 可視光領域で使用可能か？
- 設置に十分なスペースはあるか？
- 配線上問題はないか？

など、様々な条件があると思うが、最適なカメラはきっと見つかるであろう。

本稿が、エリアカメラを選択する際の一助となれば幸いである。

※本稿における会社名・製品名・規格名等の名称・ロゴは、それぞれ各社各団体における商標、または登録商標の場合がある。

【筆者紹介】

伊勢　薫
　東芝テリー㈱

ラインスキャンカメラ
Line scan camera

日本エレクトロセンサリデバイス㈱
今井 信司

はじめに

　当社は40年以上にわたり産業用ラインスキャンカメラを市場に提供している。白黒CCDラインスキャンカメラをはじめ、世界初の高画素CMOSラインスキャンカメラや、業界のトップを切って各種カラーラインスキャンカメラを市場に投入し、併せて用途開発を行うことで様々な産業界の自動化・省力化に貢献してきた。
　本稿では、ラインスキャンカメラの基礎と選び方を紹介する。

ラインスキャンカメラについて

　ラインスキャンカメラは主にCCDイメージセンサまたはCMOSイメージセンサとコントロール回路によって構成されている。対象物の映像をレンズによって素子面に結像させて、光の量をビデオ信号に変換して出力させるものである（図1）。

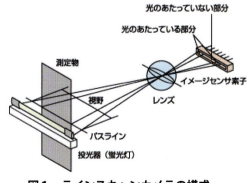

図1　ラインスキャンカメラの構成

ラインスキャンカメラの動作原理

　CCDリニアセンサは1列に並んだフォトダイオードアレイにあたった光を電気信号に変換しその蓄積量を読み出すものである。フォトダイオードに光があたると＋・－の電荷が時間とともに蓄積され（露光時間）、外部より並列転送パルスがONの状態になるとCCDシフトレジスタに一括転送されてビデオ信号として出力される（図2）。

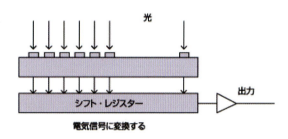

図2　ラインスキャンカメラの動作原理

ラインスキャンカメラの特徴

　ラインスキャンカメラとエリアセンサカメラを比較すると、次のような特徴が得られる。

高分解能
　例えば、測定視野が100mmの時、エリア（水平）2000画素、ライン8000画素の場合、

単純分解能
　エリアセンサカメラ　100/2000＝50μ/画素

ラインスキャンカメラ 100/8000＝12.5μ/画素

ラインスキャンカメラの分解能のほうが、4倍（二次元化すれば16倍）高いことがわかる。

連続処理

シート状の欠陥検査のように、連続して流れている対象物を検査する時、エリアセンサでは同期がとりにくいが、ラインセンサでは1スキャン毎にビデオ出力されるため、連続的な処理を容易にする事ができる。

■ ラインスキャンカメラの選び方

幅方向の分解能について

対象物の幅方向（X軸）分解能は画素数と測定視野から計算できる。

例えば対象物の幅が100mmのもので対象物姿勢を含め視野が110mmとした場合、画素数2048画素を使用しようとすれば110/2048＝0.05mm/bitの分解能となる。

但し0.05mm/bitを測定精度としては扱えない。対象物のエッヂ付近のバラツキを考慮して単純分解能の5倍で0.25mm/bitの画像データであれば精度として使用できる。

移動方向の分解能について

対象物移動方向（Y軸）分解能は対象物の移動速度とカメラの最短スキャン周期に依存する。

例えば対象物を如何に細かくデータを取っていくかを計算する。移動速度が100m/minで移動のものを40MHzの2048画素のカメラで取り込むと、移動速度で0.00166mm/μsecである。カメラの1スキャンあたりの速度が52μsecとすると、0.086mm毎のビデオ信号の出力が可能となる。但し0.086mmを移動方向の測定精度としては扱えない。

1スキャン分のデータではビデオ信号の立ち上り、立ち下りがしっかりとはしておらず、最低3スキャン分を一つのデータとして扱い0.258mmを精度として使用できる。

表1　NED製カメラの画素数と動作クロック

		動作クロック（MHz）					
		20〜	40〜	80〜	120〜	160〜	320〜
画素数	16K						XCM16K80SAT8
	12K					XCM12K85TLCT6	XCM12K485TLMT4CXP
	8K			XCM8040SAT2	XCM8060SAT2	XCM8040SA XCM8040SAT4 XCM8060SA XCM80160CXP	XCM8040SAT8 XCM8085SHT4 XCM8085SHT8 XCM8085DLMT8 XCM80160T2CXP XCM80340SHTCXP
	7K		Sui7440	SUi7450T2	NUCLi7370AT6		
	6K			XCM6040SAT2	XCM6060SAT2	XCM6060SA XCM6040SAT4 XCM6060SAT4 XCM60160CXP	XCM6085SHT4 XCM60255SHT2CXP
	4K			XCM4040SAT2 XCM3C4080T3		XCM4040SAT4 XCM4040DLMT4 XCM40160CXP XCM40255TLCT2CXP	XCM4085SHT4 XCM40170DLMT2CXP
	2K	SU2020 SU2025 SU2025GIG SUCL2025T3 SUCL2025GIG	XCM2040DLCT3 XCM2740MLCT3	XCM2040SAT2 XCM2040DLMT2 XCM20125GIG		XCM2040SAT4 XCM2085DLMT2	XCM20160T2CXP
	1K		XCM1040DLCT3				

16　産業用カメラの選び方・使い方

光学系の選定について

ラインスキャンカメラは、エリアカメラに比べてX軸方向が長いセンサが主流となっている。このためレンズマウントはエリアカメラで一般的なCマウントの他にFマウントや、各メーカで異なる規格のレンズマウントが存在する。

それぞれの特徴は以下である。

Cマウント

産業用カメラでは一般的なレンズマウントである。フランジバック（17.526㎜）、口径（25.4㎜）、ネジピッチ（0.794㎜）などが規格化されている。

イメージサイズは大きくても1型前後のサイズのエリアカメラ用のため、ラインスキャンカメラですと使用できるレンズの選択肢が多くない（図3）。

図3　Cマウントカメラ（XCM2085DLCT3）

Fマウント

産業用カメラでは大判のセンサで使用されるマウントである。フランジバックは46.5㎜のバヨネット式マウントである（図4）。

各社からラインスキャンカメラ用レンズが多数ラインナップされている。

特殊マウント

口径72㎜、ネジピッチ0.75㎜など8000画素以上の高解像度カメラで採用される（図5）。

口径によって、「M72×0.75」や「M84.5」等と記載され、同じ口径でもカメラメーカによってフランジバックが異なる場合がある。採用する際には確認が必要である。

図5　M72マウントカメラ（XCM16K80SAT8）

レンズを選定する際には、必要な分解能、作動距離（W.D.　ワークディスタンス）を検討する必要がある。

前述での幅方向の分解能は単純に撮影する幅を画素数で割った値だが、レンズの光学性能には、解像力、分解能、ディストーション、周辺光量などがあり、これらも確認しながら選定の必要がある。

カラーラインスキャンカメラについて

ラインスキャンカメラにも、エリアカメラ同様に白黒カメラ、カラーカメラがある。

カラーカメラのフィルタ配置によって、以下の種類がある。

3ライン式カラーカメラ

3本のラインセンサにそれぞれRGBのフィルタを配置した方式である。高解像度が実現できるが、RGB各ラインが異なる被写体位置のデータを出力するため、

図4　Fマウントカメラ（XCM2040SAT4）

ずれを補正するライン補正機能を使用する。移動速度が変化する場合はライン補正の設定が必要になるため、一定速度で撮影するラインに向いている（図6）。

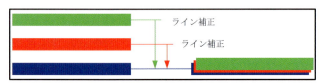

図6　3ライン式カメラのライン補正

三板式カラーカメラ

レンズで結像した画像をダイクロイックミラーでR・G・Bの三色に分解し、各色のイメージを白黒イメージセンサで撮影する方式である（図7）。色ずれが小さく高解像度を実現できるが、ダイクロイックプリズムの採用等によるコスト高が発生する。

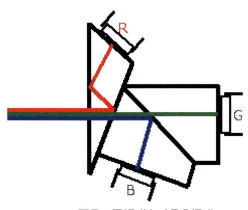

図7　三板式カメラの構成

また、レンズは三板式専用のレンズを選定する必要がある。

ベイヤ方式

エリアカメラでも採用される、RGBの色フィルタを市松状に配置した方式である（図8）。

この場合、センサはデュアルラインで2本のセンサが隣接した構造になっている。

比較的低コストだが、原理的に偽色等が発生するため色再現性は高くはない。

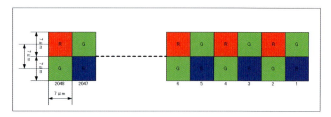

図8　ベイヤ方式センサ（XCM2085DLCT3）

点順次方式

一つのラインセンサにRGBを点順次で配置した方式である。移動方向の速度変動の影響が少なく出来るが、解像度は高くはない（図9）。

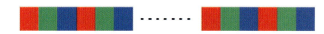

図9　点順次方式センサ

インターフェイスについて

ラインスキャンカメラの映像信号をより容易に使用できるように、インターフェースにはいくつかの種類がある。それぞれの特徴は以下となる。

アナログ方式

同軸ケーブル等で映像信号を出力し、専用の入力装置もしくはフレームグラバボードに入力する。

カメラの制御はRS-232Cなど別の信号線を使用し、カメラ電源も別ケーブルを使用する。

ケーブルの延長、加工は比較的容易だが、スキャンレートの高い製品では使用できない。

LVDS出力（パラレル出力）

映像信号をLVDSなどのパラレル方式で出力し、専用の入力装置もしくはフレームグラバボードに入力する。

カメラ、フレームグラバボードのコネクタ、信号線、制御などは規格化されておらず、カメラメーカごとに専用ケーブルの製作が必要となる。

CameraLink

カメラ、フレームグラバボードのコネクタ、信号線などを規格化した産業用カメラでは一般的なインターフェースである。

スキャンレート等にあわせBase、Medium、Full等のコンフィギュレーションを使用する。

フレームグラバボードも各社から多数ラインアップされている。

GigE Vision

汎用PCで採用されている1000Mbpsの Ethernetをマシンビジョン用インターフェースに利用した規格である。

ケーブルに汎用のEthernetケーブルを使用でき、長距離の伝送が可能となる。

GigE Vision規格ではUDP/IPの上にGigE Vision Protocolが構築されている。

CoaXPress

より高速、高解像度に対応するため開発されたマシンビジョンカメラ用のインターフェースである。

通常の同軸ケーブルで映像信号・通信・制御・電源の伝送が可能で、長距離にも対応する。

規格では6.25Gbps（同軸ケーブル1本使用時）、最高25Gbps（4本使用）のデータレートを実現している。

■ おわりに

ラインスキャンカメラ市場において、さらにユーザーニーズに応えられるよう、高速・高感度の新型センサを採用した新製品、CLISBee-AシリーズおよびRyuganシリーズの拡充につとめていく。

また、CoaXPressに代表される新しいインターフェイス規格の普及促進、産業用カメラ市場の発展に貢献する所存である。

【筆者紹介】

今井 信司
日本エレクトロセンサリデバイス㈱　東京営業部

高解像度カメラ
high resolution camera
高解像度カメラを選定するにあたっての基礎知識

㈱アルゴ
西田 祐矢

はじめに

近年のセンサーメーカ及びカメラメーカの努力、産業用カメラの入力装置であるパソコン及びグラバーボードの性能の向上、ユーザアプリケーションの多様化に伴い高解像度の産業用カメラを用いる場面は増えてきている。本稿では、高解像度カメラを選定するにあたって着目すべきポイントをイメージセンサー、センサーサイズ、コストの三つに絞って紹介していきたい。

ポイントその1. イメージセンサー

高解像度産業用カメラを選定するには、まずはイメージセンサメーカ毎の特徴を大まかに押さえる必要がある。実現したいアプリケーションの方向性に合致するイメージセンサに絞って、高解像度産業用カメラを選定し評価すれば導入が非常にスムーズだ。以下に代表的なものを挙げていきたい。

SONY Pregius

最近リリースされたもので、同じ解像度でも高速版と低速版（安価）とペアのラインアップがあるのが特徴だ。裏面照射で高感度低ノイズ、コストバランスも優れているセンサーである。Pregiusは、12MPまでの解像度が現在の産業用カメラマーケットでの主流となっている。画質が優れているため顕微鏡用途にも使われている。

CMOSIS CMV

高感度で高速であるという事で長く愛用されてきた実績のあるセンサーである。PYTHONやPregiusの台頭により伸び悩んではいるものの、直近では50MPの高解像度センサー（グローバルシャッター）カメラが2018年3月にもリリース予定だ。レンズの検査などの用途が見込めるだろう。

Onsemi PYTHON

PYTHONは高速センサーの代名詞とも言えるセンサーである。主に5MPクラス以下のセンサーで広く普及しており、特に1/2インチのPYTHON1300はコストに対するフレームレートが抜群に良く、設定・環境次第では6000fpsものフレームレートが10万円以下のコストのカメラで実現できるのだ。PYTHONシリーズはいずれもフレームレートを重視しているが、弱点としてノイズが多いという点が挙げられる。

Onsemi（旧Aptina）10MP、42MP（センサーメーカー非公開）

Onsemi旧Aptinaはローコストセンサーを提供していることで有名だ。産業用カメラを自社の販売用製造装置に組み込む場合はカメラのコストが非常に重要になるが、その際によく好まれるセンサーである。42MP（センサーメーカー非公開）のセンサーについては、解像度対コストでは現在の産業用カメラ業界ではトップクラスである。ただし両方のセンサーは、ローリングシャッターなので用途が限定される点、画素サイズが非常に小さくレンズを選ぶという点が弱点である。画素サイズについては後ほど詳しく説明する。

CCD Truesense KAI

　Truesense製CCDセンサーは、低ノイズで高ダイナミックレンジなのが特徴だ。また画素サイズも比較的大きい為、レンズの分解能の影響を受けにくい。例えば、IMPERX社のBOBCATシリーズではCLASS1センサーを用いられており画質を一番重視する場合はおすすめである。

ポイントその2. センサーサイズ

　自身のアプリケーションとポイント1で挙げたセンサーの特徴を抑えたら、次は、センサーサイズについて検討したい。これはコストや画質に影響する。イメージセンサー全体の大きさ（センサーフォーマット）と、それを構成する1画素について触れておきたい。

センサーフォーマット

　一般的にセンサーサイズが大きくなると、レンズのコストも上がる。通常のマシンビジョン用Cマウントレンズは、だいたい1.1インチまででこれ以上センサーサイズが大きくなると、マウントをFマウント等に変更することが必要だ。また、フルサイズクラスのセンサーになってくると、カメラの筐体サイズも大きくなりコストも大幅に上がってしまう。センサーサイズが1.1インチ以下か、それ以上かでコストが大幅に変わることが多いので、一つの線引きをしておきたい。

画素サイズ

　高解像度カメラを使うにあたって、センサーフォーマットと合わせて1画素の大きさにも注意をしておきたい。上で示したように、産業用カメラメーカが高解像度のカメラを提供するには、センサーサイズがなるべく小さいものである必要がある。しかし、センサーサイズが小さくなりすぎると、必然的に画素サイズも小さくなる。もし、イメージセンサーの画素サイズが、レンズの分解能力を超えた小ささである場合、画像にボケや色収差などが現れてくる。画素サイズが小さいセンサーのカメラを選定する場合は、分解能の高いレンズを選択しなければならない。画素サイズが2μmを下回ってくると、特に用途に応じて厳密にレンズを選定する必要が出てくる。

　要するに、センサーとの組合せ、作動距離、撮影対象物によって、分解能が発揮できるカメラとレンズの組合せと、そうでない組合せがあるという事である。選定したカメラの画素サイズが小さい場合は、多数のカメラメーカ、レンズメーカを取り扱いしている経験豊富な会社や担当に相談するのが一番早い。

ポイントその3. コスト

　最後に一番重要な点、コストについてまとめる。

　表1のように、高解像度カメラは必ずしも高コストというわけではなく、解像度とコストに因果関係はそれほどない。むしろ、現状の産業用カメラはセンサーサイズの大きさがコストを左右している。レンズも2μm程度の分解能を境にコストを左右してはいるものの、レンズのコストはカメラのコストに比べて小さい。ちなみに、ここでの1.1インチや2μmという数値は、現状のカメラメーカ及びレンズメーカの生産技術能力によるボトルネックでもある。今後、センサーサイズが大きくてもローコストなカメラ、ピクセル分解能が高いのにローコストなレンズが技術の向上に伴って出てくる可能性は十分あるだろう。

おわりに

　イメージセンサー、センサーサイズ、コストの3点

表1　コスト

要望	センサーサイズ	画素サイズ	カメラコスト	レンズコスト
高解像度カメラ が欲しい	1.1インチより 大きい	2μm より大きい	大	中
		2μm より小さい	−	−
	1.1インチより 小さい	2μm より大きい	中	中
		2μm より小さい	小	小

表2　産業用カメラのラインアップ

	DMK38UX255	DFK33UJ003	LXG-120	VCXU-123	HR-2000
解像度	9MP	10MP	12MP	12MP	20MP
センサモデル	IMX255 / 267	MT9J003	CMV12000	IMX304/ 253	CMV20000
カメラメーカ	TIS / Baumer	TIS	EVT/Optronis/Baumer	TIS / Baumer / EVT	EVT
インターフェイス	USB3 / GigE	USB3 / GigE	10GigE / CP / GigE	USB3 / GigE / 10GigE	10GigE
センササイズ	1" (3.45μm)	1/2.3" (1.67μm)	22.44mm x 16.90mm (5.5μm)	1.1" (3.45μm)	33.34mm x 24.58mm (3.45μm)
コスト	★★★★	★★★★★	★★★★	★★★★	★★★

	CP90-25P-M-72	CLB-B6620M/C-TF0	DFKAFU420-CCS	HT-50000M
解像度	25MP	29MP	42MP	50MP
センサモデル	PYTHON25K	KAI-29050	非公開	CMV50000
カメラメーカ	Baumer / Optronis / IMPERX	IMPERX	TIS	EVT / Baumer
インターフェイス	CP/GigE/CL	GigE/CL	USB3	10GigE
センササイズ	23.04mm x 23.04mm (4.5μm)	対角 43.3mm (5.5μm)	2/3" (1.12μm)	対角 35mm (4.6μm)
コスト	★★★	★★	★★★★★	★★

に言及したが、おわりに当社の高解像度産業用カメラのラインアップをセンサー型番やIF（インターフェース）とともにまとめておきたい（表2）。

　コストについては★が多いほどローコストであることを示す。高解像度カメラの選定にあたっては、上記の3要素に加えて、IFの特徴、カメラメーカの特徴、販売代理店（サポート体制）、供給体制などの検討も必要になってくる。多数の産業用カメラメーカが群雄割拠する中で、数ある高解像度カメラの中からアプリケーションに最適な機種を選定するには様々な要素を検討する必要がある。当社では数百種類のカメラを取り扱いしているので気軽に問合せ頂きたい。

【筆者紹介】

西田 祐矢

㈱アルゴ　営業技術
〒564-0063　大阪府吹田市江坂町1-13-48
TEL：06-6339-3366　FAX：06-6339-3365
URL：https://www.argocorp.com
E-mail：argo@argocorp.com

高速度カメラ
High-Speed Video Camera

㈱フォトロン
鈴木 洋介

はじめに

近年では市販のスマートフォンやデジカメに高速撮影機能が搭載されるようになり、高速撮影は身近なものとなってきた。しかし、計測・解析用途の高速度カメラは一般的な市販のカメラとは異なり、高速現象を的確に撮影するために多くの仕様・機能が存在する。また技術の進歩により、様々な性能を持った機種が登場しているが、選定は逆に難しくなっているといっても過言ではない。そこで、本稿では高速度カメラを選定する上で必要な基礎知識と、代表的な用途と併せて最適な機種を選定する方法を紹介する。

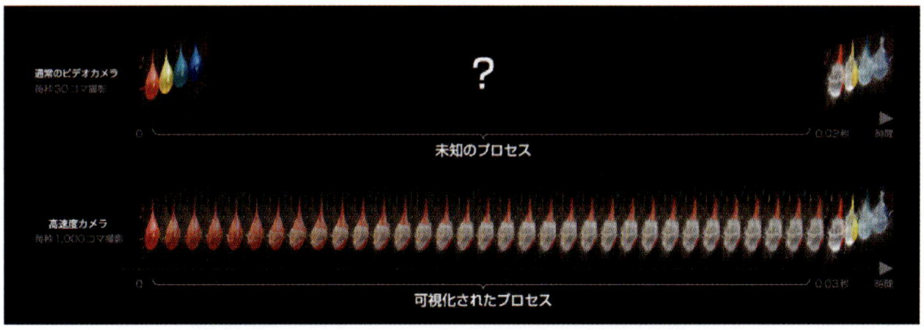

高速度カメラの基礎知識と選び方

高速度カメラとは

スローモーション動画を撮影できる特殊なビデオカメラである。一般的なビデオカメラと高速度カメラの違いを図1に示す。一般的なビデオカメラが1秒間に30コマの撮影を行うのに対して、高速度カメラは1秒間に数千、数万コマもの超高速撮影をすることができる。これにより一瞬の現象をスローモーション動画として克明に記録し、可視化することができる。

また、高速度カメラは一般的なビデオカメラと異なり、目的の計測・解析に適した多くの周辺機器や解析ソフトウェアを組み合わせることで、一つの「ス

図1　ビデオカメラと高速度カメラの違い

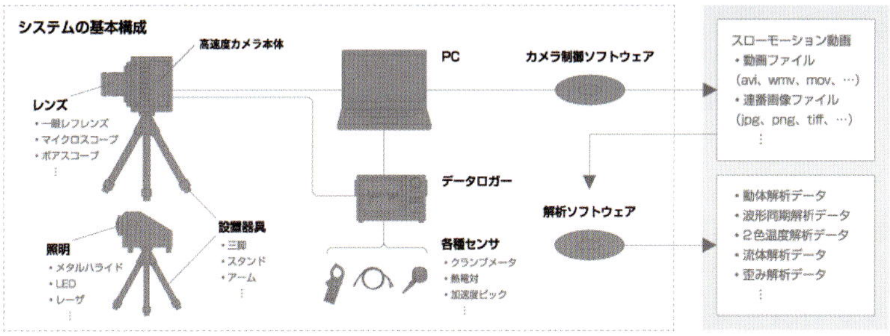

図2　スローモーション解析システムの基本構成

ローモーション解析システム」として導入することが多い。図2にシステムの基本構成を示す。

撮影速度

1秒間に何回撮影できるか（＝時間分解能）を示す値のことである。単位は「コマ/秒」あるいは「fps (frames per second)」で表記される。撮影速度を高くすると、高速現象をよりスローに、より詳細に可視化することができる。代表的な被写体と撮影速度の目安を図3に示す。

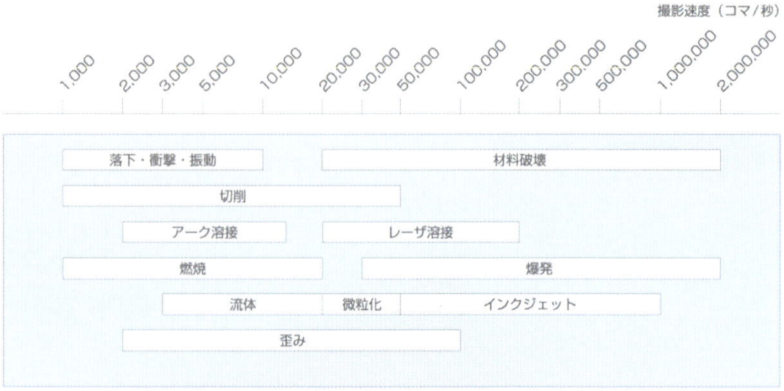

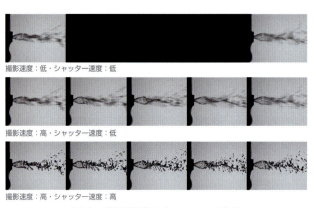

図3 代表的な被写体と撮影速度の目安

図4 撮影速度とシャッター速度

最適な撮影速度の目安

観察したい現象に対して30～100倍程度の分解能があれば、十分に現象を可視化できることが多い。例えば1m/秒で動く被写体を1mm^{2}の範囲で撮影する場合を考えてみる。

1m/秒の被写体が画面の端から端へ移動する時間÷30

＝1/1,000秒÷30

＝1/30,000秒

となり、撮影速度は30,000コマ/秒が一つの目安となる。

また、ドリルやファンなどの回転体を撮影する場合は、その回転毎分（rmp=rotations per minute）と等しい撮影速度（コマ/秒）だと充分な分解能で撮影できることが多い。例えば、3,000rpmのドリルを撮影する場合は、撮影速度は3,000コマ/秒が一つの目安となる。この回転毎分と高速度カメラの撮影速度の数値が同じである場合、回転角6度ごとに1コマ撮影することになり、被写体が1回転する間に60コマの撮影をすることができる。また、回転角1度ごとに1コマ撮影したい場合には、回転毎分の6倍の撮影速度に設定すればよいことになるので、撮影速度は18,000コマ/秒となる。

シャッター速度

1コマの画像を撮影するために、電子シャッターを開き、イメージセンサを露光する「時間」を表す。露光時間を短くすることを「シャッター速度を上げる」などと表現する。単位は「sec（秒）」で表記される。シャッター速度を高く設定する（＝露光時間を短くする）ほど被写体のブレを抑えられた、シャープな画像が得られる。撮影速度、シャッター速度を高くするほど、イメージセンサが受け取る光の量は減り、撮影画像は暗くなる。そのため高速度カメラの撮影では一般に高輝度の照明が必要になる。撮影速度とシャッター速度の関係を図4に示す。

感度

イメージセンサが、光をどれだけ電気信号に変換できるかを表す。感度が高ければ、より弱い光でも明るい画像を撮影することができる。また、感度が高いほど、撮影速度、シャッター速度を高く設定できることになる。高感度タイプの高速度カメラは撮影条件により照明なしでの運用も可能である。

高速度カメラの感度は選定において重要な性能だが、カタログなどに記載されている「ISO感度」の数値は注意が必要である。それは高速度カメラのISO感度測定に関しては、各メーカで異なる測定方法、表記方法を採用している点である。同一メーカの機種を比較する場合には有効だが、異なるメーカ同士をその数値で比較することはできない。異なるメーカを比較する場合には実機を用いて同条件で撮影比較をすることが望ましい。例えば、A社の「ISO感度10000」という機種と、B社の「ISO感度8000」という機種を比較した場合に、実際に比較してみると、B社

の方が鮮明に撮影できたということすらあり得る。

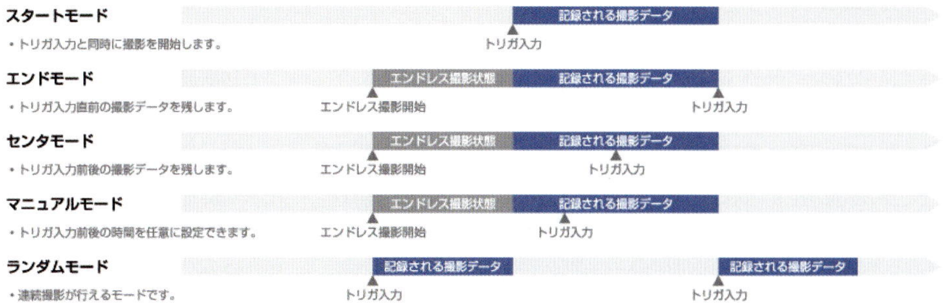

カラー／モノクロセンサ

高速度カメラのイメージセンサは、カラータイプと、モノクロタイプがある。カラータイプは、色情報を基にして解析する場合や、プレゼンなどの説明用途に適している。また、モノクロタイプはカラータイプに比べて感度性能が高いため、シャッター速度を上げることや、低照度での撮影が可能になる。

解像度

空間分解能を示す値で、1コマの画像を構成する画素（pixel）の総数を横×縦で表す。解像度が高いほどより細かな部分まで可視化することができる。

フルフレーム撮影速度とセグメントフレーム撮影速度

高速度カメラは、イメージセンサの使用範囲を限定することで撮影速度を上げる機能を搭載しているものが多い。使用範囲を限定せずに、最大解像度で撮影するときの撮影速度を「フルフレーム撮影速度」、使用範囲を限定して撮影するときの撮影速度を「セグメントフレーム撮影速度」という。解像度と撮影速度の関係を図5に示す。

図5　解像度と撮影速度の関係

メモリ容量

高速度カメラで撮影されたデータは、カメラ本体に搭載されたメモリに記録されるものが多い。そのためメモリの容量が大きいほど、長時間の撮影が可能になる。高速度カメラの撮影では、一瞬で大量の画像を取得するため、撮影時間は一般に数秒程度に

図6　代表的なトリガモード

なる。例えば、1000コマ/秒の撮影速度、1024×1024の解像度、モノクロ12bit階調で撮影すると、1秒の撮影で約1.5GBのデータ容量となる。8GBのメモリ容量のカメラでは約5秒、128GBのメモリ容量のカメラであれば約87秒の撮影が可能となる。

トリガ

高速度カメラの撮影では、一瞬の現象と、数秒の撮影時間のタイミングを合わせる必要があり、そのタイミングをカメラに伝えるものがトリガである。例えば、外部機器からのパルス信号をトリガとして高速度カメラに入力して撮影を開始したり、エンドレス撮影状態（撮影データがメモリいっぱいになると古いデータから順次上書きして撮影を続ける状態）のカメラに現象が終わったタイミングでトリガを入力し直前までの撮影データを残すなど、さまざまな方法で撮影をすることが可能である。代表的なトリガの設定を図6に示す。

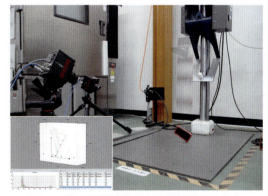

図7　落下衝撃試験の3次元解析システム

データ転送

高速度カメラ本体のメモリは揮発性が多く、この場合に撮影データはカメラの電源を落とすと消えてしまう。そのため保存しておきたい撮影データはPC等の外部機器に転送する必要がある。大容量の撮影データを転送することになるため、転送時間、転送方式などが重要な性能指標となる。

高速度カメラの用途例

高速度カメラの利用分野は、燃焼工学、流体工学、精密加工など多岐に及ぶ。計測・解析の具体的な例をいくつか紹介する。

落下衝撃試験の3次元動体解析

落下衝撃後の外観観察だけでは分からない、衝撃の加わり方や、破壊のプロセスを、スローモーションで直接観察することができる。2カメラを同期して撮影することも可能で、3次元動体解析ソフトウェアと組み合わせることで、変位・速度・加速度などを定量解析することができる。

マシニングセンタ工具の2次元動体解析

切削工具の高速回転やキリコの飛散をスローモーションで観察することができる。マイクロスコープレンズを使用すれば微細な切削工具の挙動や、微小なキリコの挙動も拡大高速撮影が可能である。また、2次元動体解析ソフトウェアとの組み合わせで、工具振動の変位解析や振動の周波数分布も解析することができ、最適な工具仕様や加工条件を検証することができる。

引張試験のひずみ解析

引張試験を高速撮影することで材料破断の一瞬のプロセスを観察することができる。試験片にスプレーなどで塗布したランダムパターンを画像処理で追跡するDIC解析（デジタル画像相関法：Digital Image Correlation）ソフトウェアとの組み合わせで、非接触かつ面でひずみを解析できるほか、3次元での形状変形も解析することができる。

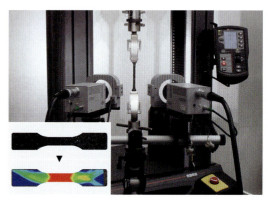

図9　引張試験のひずみ解析システム

おわりに

本稿では高速度カメラに選定に関する基礎的な内容の一部分を列挙したが、高速度カメラの撮影には、より専門的な知識・経験が求められることもある。高速度カメラを選定する場合には、目的を達成するために必要な情報やサポートが十分に受けられるかも考慮してメーカを選定することも重要である。

当社では熟練した専任の技術スタッフによる導入前後のサポートだけではなく、自社工場でのメンテナンス、修理、各種校正作業や受託解析など、国産メーカならではのサービスを展開しているので、高速度カメラに興味があれば気軽に問合せいただきたい。

図8　切削工具の2次元動体解析システム

【筆者紹介】

鈴木 洋介
　㈱フォトロン　イメージング事業本部

赤外線カメラ
Introduction of Sony Global Shutter CMOS Camera series
文系の手軽な赤外線カメラの選び方

フリアーシステムズジャパン㈱
石川 友亮

はじめに

　当社は、2000年頃より市場に先駆けて入門用のカメラ開発に力を入れてきた。現在では、製品に関する問い合わせの内、初めて使用される方からの問い合わせ数が、全体の7割程度を占めるようになった。

　当社では、初めて赤外線カメラを使う方向けに、よりわかりやすく赤外線カメラを導入するくための取り組みを行っている。本稿では、難しくなりがちな赤外線カメラの用語や選定について、難解な表現を極力排し、簡単に紹介していきたいと思う。

赤外線カメラの基礎

　現在では、10万円を切るような低価格の赤外線カメラが開発され、インターネット通販や秋葉原などでも赤外線カメラを入手できるようになっている。これらはデジタルカメラやフィルムカメラの世界でいうとインスタントカメラにあたる。手軽さを重視したもので、とりあえず使ってみたいという方に適しているカメラである。

　赤外線カメラは、温度を測定する温度計としての役割と、画像を収録するカメラとしての役割がある。ここでは、温度測定を目的とした赤外線カメラの紹介をする。

　赤外線カメラは、価格の高低が画素数に比例するという点でデジタルカメラと似ている。この画素の大小は、撮影する条件によっては、取得する計測値に大きく影響する。具体的には細かい部品や遠く離れた対象物を正しく温度測定しようとしたとき、画素数の低い赤外線カメラは、画素数の高いカメラに対して測定誤差が大きくなる傾向にある。そこで、赤外線カメラを検討される方に第一に確認してもらいたいのは温度精度をどの程度求めるかという点である。ここで「おおまかに温度分布を見てみたい」ということであれば、概ね入門用の、赤外線カメラの中では手軽な、10万円前後のカメラが適しているケースが多いように思われる。

　以下にあげる項目は、赤外線カメラを選ぶ際にカタログで必ず目にする項目になるが、詳細に知る必要がない方は飛ばしても良い。

空間分解能

　画像の精細さ、緻密さを指す。プリンタなどではdpiと表現され、この数値が小さいほど画質が良いとされるが、赤外線カメラにおいても空間分解能が小さければ画質が良く、細かい部品の温度分布が容易に識別できるようになる。画像解像度、または画質と言い換えてもよい。赤外線カメラが正しい温度値を表示しているかどうかは空間分解能と測定したい箇所の面積とを比較する。下記に計算例を記述する。

①撮影条件の確認

　まずカメラの空間分解能をカタログから確認してほしい。空間分解能とは、被写体までの距離が1mの時に赤外線カメラが正しく温度を測定できる最小の面積を表す。

　1mmradと記載されていれば、被写体とカメラの距離が1mの時、3～5mm^{2}の面積の温度を正しく測定することが可能である。測定対象物の大きさが3～

$5\,mm^2$未満であれば誤差が生じ、大きければ問題ない。

②計算例

計算の際には、カタログにある空間分解能の単位mmradは、mm^2とする。カタログの空間分解能が1mmrad、正しく温度を測定したい面積の最小値が$2\,mm^2$、被写体までの撮影距離が1mの場合の計算例は下記となる。

$$\rightarrow 1\,mm^2 \times (3 \sim 5) \times 撮影距離1m > 2\,mm^2$$

この例では、温度測定したい面積がカメラの解像度より小さいため、カメラの解像度が不足していることになる。（測定値に誤差が生じる）この場合接近して撮影するか、より解像度の高いカメラを使用する必要がある。

温度分解能

カメラのセンサが識別できる温度差を表し、カタログでは、NETDとか温度分解能と表示される。NETD：0.1℃と書いてあれば、0.1℃の温度差を検知できることになる。ここで研究開発の用途を想定してみる。（基盤の放熱評価）改良前後の温度差が0.1℃程度と想定される場合には、NETDが0.1℃以下、できればもう少し余裕をみて0.05℃の性能を持つカメラを選ぶと良い。

視野角

カメラで一度に撮影できる範囲を表す。カタログでは25°×19°と表示される。例えば、当社の製品では25°×19°と表記されるレンズは、被写体までの撮影距離が1mの場合に縦×横：44cm×34cmの範囲を撮影することが可能である。距離が2mの場合は、上記数値を倍した範囲が撮影範囲になる。

距離が離れるほど撮影範囲は広くなるが、カメラの解像度は粗くなり、正しく測定できる最小の面積が大きくなっていく。25°×19°のレンズは、当社では標準レンズになる。中、上位機種では視野を2倍にする2倍広角レンズや、遠い距離のものをクローズアップして撮影する2倍望遠レンズ、マクロレンズなどがある。

視野角と解像度（空間分解能）はトレードオフの関係にあるので、両立させることはできない。送電線や高層の構造物など遠く離れたものを正しく温度測定しようとする場合は、空間分解能の細かいカメラを使用する必要がある。

赤外線カメラの選び方

赤外線カメラには様々なモデルがあるが、カメラの購入を検討している方からは、「モデルによって価格差があるのは何故か」、「どれを買えばよいか」、「何が違うのか」という質問が多く寄せられる。赤外線カメラをはじめて検討される方々との打ち合わせを経て、簡単に赤外線カメラを選ぶにはまず、温度精度を求めるかどうかを確認するのが良いとわかった。ここでは、以下の二つの分類から考えてみる。

電機設備、機械、空調メンテナンスなど現場（屋外）で使用する場合

このケースは簡単かつ手早く発熱箇所を把握したいという要望が多く寄せられている。おおまかな熱分布の把握をする場合、入門用の低価格のカメラが選定対象となる。しかしながら入門用のカメラは搭載される素子の制約から、使用方法に留意する必要がある。撮影距離が1〜2m程度、放射温度計を使用している方が、作業効率を高めることを狙って赤外線カメラを検討される場合は問題なく使用できる。

次にカメラの素子別に用途を見ていく。

①80×60〜160×120素子のカメラ

放射温度計の代わりに使用するか、撮影距離が1〜2m程度、撮影対象の大きさが1〜2cm以上の大きさがある場合に適する。

②320×240素子以上のカメラ

送電線や柱上トランスなど、撮影対象がある程度離れている場合、正しく温度測定をするには320×240以上の素子を持つカメラがよい。

研究開発や品質管理（ラボ）で使用する場合

このケースでは、温度を正確に測定したいという要望があるので、正しく温度測定をするという点から説明する。まず、温度測定値に影響を与える要素

として、

①「機械としての精度」（カタログに記載される精度）
②「パラメーター設定」（撮影対象別に設定する数値）
③「カメラの選定と撮影方法」

の3点がある。

①機械としての精度
　機械としての精度は赤外線カメラの殆どが「測定値に対して±2℃または±2％のいずれか大きいほう」といった値になっている。この数値は一見大きいように見えるが、後述するパラメーター設定、カメラの選定と撮影方法を正しく行うことで、精度良く測定することが可能である。他の温度計を使用する場合においても正しい温度計測は一般に考えられているより難しく、特に温度分布を計測する用途からは神経質になる必要はない。

②パラメーター設定
　赤外線カメラは、対象物から放射される赤外線を検出して温度値に変換する。温度値に変換する際、被写体の材質や表面の粗さなどによって設定、補正をかける必要がある。赤外線カメラの設定項目で放射率、反射率、距離、大気温度などの設定項目があるが、ここでは、測定値に一番大きく影響する放射率を紹介する。
　赤外線カメラの取扱説明書には、必ず放射率表が添付されているので、測定対象物の材質を確認し、放射率にある材質と最も近いものを選んで赤外線カメラに設定する。

③カメラの選定と撮影方法
　『赤外線カメラの基礎』の項目をおさえておけば、おおまかな選定が可能だが、さらに細かく見ていく場合、

- 1枚のフレームに納める被写体の寸法（視野角）
- 撮影時の被写体までの距離
- 取得したい温度値の最小面積（解像度）
- 被写体の温度分布の最小値（NETD）

などの項目をカメラの性能、撮影条件が満足しているかを確認する。ラボでの使用の際は、経験のある営業マンに確認されたほうが良い。
　この他に動画の収録機能が必要かどうかでカメラの選択肢は大きく異なる。動画機能で多く見られる使い方は、任意の箇所の温度を時系列でグラフ化する、データロガー的な使用である。動画の収録データには数千点の温度データが時系列で埋め込まれており、後から自由に温度値の抽出が可能である。動画収録に関する機能としては、取り込み速度や収録条件を決めるトリガ（録画の開始や停止、収録時間などを条件づけできる）などがある。
　撮影距離が限定されていない場合、カメラの性能（解像度）が不足している場合でも撮影方法を工夫することにより十分な結果を得ることができる。例えば、被写体に近づいて撮影することにより、画素の少ないカメラでも解像度を上げることができる。
　このような工夫が可能かどうか、できない場合は撮影条件にあった仕様のカメラが必要である。

赤外線カメラの使い方

　赤外線カメラは、現在ではデジカメライクな操作メニューが採用され、以前に比べて使いこなしが容易になっているので、ここでは使用上の注意点について述べる。赤外線カメラは太陽を見るとセンサが焼き付きを起こすため、屋外の使用においては太陽光を不意に見ることのないよう注意が必要である。持ち運びの際は太陽光が入らないように必ずレンズカバーを取り付けるようにする。
　次に赤外線カメラは、物体の表面温度を測定するものなので、壁の向こう側や、内部の温度などは測定できない。水などの測定においても同様で、測定できるのは表層の数ミリ程度の温度にる。気体や煙、微粒子などの温度測定もできない。
　次にあげるものは赤外線を反射し、周囲で発せられる赤外線を被写体自体に写しこむ特性があるので、測定にあたり補正を行ったほうがよい結果が得られる。

- 鏡
- ガラス

- 表面が滑らかな金属
- 鏡面加工された金属

　ここであげたものは、対象物自体の温度と写りこんだ物体の温度が合わさって温度が計測される。

赤外線カメラの用途例

　赤外線カメラは、様々なシーンで活用できるが、普段使用される体温計やデジタル温度計に対して、短時間で温度測定が可能、一度に面の温度測定が可能、温度分布が映像で確かめられること、などがメリットとして挙げられる。温度分布が画像で確認できることにより、美容（血行）や食品加工（熱の通りや冷却状態）など、温度ムラの確認が必要な箇所でも活用されるようになっている。変わった例では、ある市町村で温泉の検出に使用された例がある。

赤外線カメラの製品・技術動向

　赤外線カメラの開発は、特にここ数年で活発になったように見受けられる。1年単位で新製品が矢継ぎ早に発売され、赤外線カメラに使用されるモジュールや、小型の素子が開発された。（写真1）
　今後もセンサの小型化、高画素化が進み、生産数量の増加に伴い製品単価が安くなっていくであろう。当社の例で言えば、入門用カメラの単価はここ数年で5割程度下がっている。数年内には放射温度計に近い価格帯の熱画像装置を搭載したものが現れるだろう。現在市場に出回っている入門用カメラは殆どが新しい設計になっており、操作が直感的で容易になっている。製品開発のサイクルは非常に短くなっているので、必要と感じられた時が購入のタイミングとして適切と思われる。

おわりに

　今回は、初めて赤外線カメラを検討される方で、手軽に温度分布の測定を行いたい、試しに使ってみたいという方に向けて執筆したため、赤外線カメラの専門家の方からすると必要な事項が省略されている、不足していると指摘される点があると思われる。手軽な使用、予備知識としての説明になるので、不足を感じられる方は、赤外線カメラに付属される資料を参照されるか、メーカに相談頂ければ幸いである。

写真1

【筆者紹介】

石川友亮
フリアーシステムズジャパン㈱　営業

近赤外線カメラ

Near-infrared camera

近赤外線波長を使った検査手法

㈱アバールデータ

岡本　俊

はじめに

　マシンビジョン業界では可視波長域を使った検査がありとあらゆる分野で使われているが検査に対する要求事項は日々増えている状況であり、人間が目で見ている可視波長域とは異なる波長域を使った新しい検査手法への取り組みが広がっている。人々が日々生活している中で見ている光の波長域はおおよそ$0.4\mu m \sim 0.8\mu m$となり、この範囲が可視波長域となる。可視波長域に対して、波長の短い（数値の小さい）領域が紫外線波長域となり、波長の長い（数値の大きい）領域が赤外線波長域となる。赤外線波長域は更に細かい波長域で分類されており、$0.7\mu m \sim 2.5\mu m$波長域の近赤外線波長 ／ $2.5\mu m \sim 4\mu m$波長域の中赤外線波長 ／ $4\mu m \sim 1000\mu m$の遠赤外線波長がある。本稿では、この赤外線波長域の中でも可視波長域に最も近い特性を持ち、可視波長域では見えないものを可視化する目的で監視や理化学研究等の分野でも採用が広がっている近赤外線波長を使った当社の取り組みを様々な事例を交えながら紹介する。

活用が期待される分野

　産業用分野ではシリコンウェハの検査に近赤外線波長が古くから使われているが、近年では食料品、医薬品、化粧品の『三品市場』やインフラの非破壊検査、監視、理化学研究、認証、通信等の幅広い分野にも広がりをみせており、これらの分野以外にも"可視波長域では見えないものを可視化する"という

キーワードで近赤外線波長を使った検査手法が今後益々広がるものと考えている。

　近赤外線波長を使った検査は対象物の組成により異なる光の反射／吸収／透過特性の違いを可視化することができるため、可視波長（見た目だけ）での検査が困難であった様々な分野への活躍が期待できる。異物混入等が大きな問題となっている食料品分野からの引き合いは非常に多く、装置メーカーとの合同研究により、実際の生産ラインへの導入実績も広がっている状況である。

食料品分野での検査事例

　ここでは近赤外線波長を使うことにより、どのようなことができるかを知っていただくために食料品分野で実際に対応した3件の事例を紹介する。

パッケージ内部検査（図1）

　異物混入問題を防ぐためには最終ユーザーが手にする状態で検査をすることが理想的だと思うがであるが、実際にはクッキー製品等で多いように一つ一つが色の付いたパッケージで個包装されており、食べる直前まで中身の状態を確認することができない状況である。このパッケージを開けなければ中身の検査ができないという認識は可視波長での検査を行った場合であり、ここで検査手法に近赤外線波長を取り入れることにより、パッケージ素材によっては個包装状態のままで中身の検査を行うことも可能となる。食料品分野の個包装素材はポリプロピレン等のプラスチック系が使われているケースが多いが、

このポリプロピレン等のプラスチック系は近赤外線波長の透過特性を使うことにより、個包装されたまま中身の検査を行うことが可能となる。この検査の意味は非常に大きく、可視波長では実現することができなかったユーザーが手にする最終状態（個包装のまま）で検査が可能となるため、品質面での向上は当然のことながら本検査の画像データをそのまま記録することにより、出荷記録管理も合わせて行うことが可能となる。近年、様々な分野でトレーサビリティ管理を求める要求も増えてきているために品質面の向上と出荷記録管理を両立できる近赤外線波長を使った本取り組みに期待する声は非常に大きい状況である。

可視画像→　　　　　　　　　　　←近赤画像
図1　パッケージ内部検査

かみ込み検査（図2）

食料品分野で問題となることが多い事例の一つにかみ込み不良がある。かみ込み不良とはプラスチック系のパッケージにクッキー等の商品を入れた状態で密閉処理する為に熱溶着を行った際に熱溶着した部分にゴミや商品の一部（クッキーのカス等）が入ってしまい密閉不良等の問題が発生することである。可視波長の検査ではパッケージを透過させることが出来ない為、色の付いたパッケージでかみ込みの検査を行うことは難しい。また、パッケージの色が薄く中身が透けている場合でもパッケージの色とかみ込み対象の色が近い場合には差分が現れず、かみ込み不良を見つける事は難しい状況である。ここで検査手法に近赤外線波長を取り入れることにより、物一つ一つの組成により異なる光の特性（ここでは吸収特性を使う）を可視化することが可能となり、熱溶着した部分にかみ込んでいるゴミや商品の一部だけをとらえることも可能となる。前項で説明した近赤外線波長の透過特性と本項の吸収特性を組み合わせることにより、パッケージを透過させながらかみ込み部分だけを可視化してとらえることが可能となるため、ゴミや商品の一部がかみ込むことにより発生する密閉不良等を高い確率で見つける仕組みを実現できると考える。

水分検知（図3）

可視波長の画像検査で水分をとらえることは容易ではない。その理由は水分が無色透明であり、画像的にとらえることが難しいためである。逆に言うとその無色透明の水分が画像的に色付いて映れば容易にとらえることも可能となる。これを実現できるのが近赤外線波長を使った検査手法となる。0.7μm～2.5μmの近赤外線波長内で水分は1.45μmと1.94μmに強く反応（吸収）する特性があるため、この吸収特性を利用することにより、可視波長では無色透明に見える水分を画像的に黒く認識することが可能となり、容易に水分検知を実現することができる。水分検知は近赤外線波長が得意とする内容のために1.45μmの波長域を使った採用事例は非常に多い状況である。但し、1.45μmは吸収率が低く対象物の水分量が少ない場合には上手く可視化できないケースもあるため、今後は1.45μmより吸収率が高い1.94μmの波長域を使った水分検知の事例も増えるものと考える。

可視画像→　　　　　　　　　　　←近赤画像（NG）
図2　かみ込み検査

図3　水分検知

近赤外線カメラ

ABA-003IR

ABA-001IR

ABL-005IR

ABL-005MIR

ABA-U20MIR

ABL-005WIR

図4　カメラ製品のラインナップ

カメラ製品のラインナップ（図4）

　0.7μm～2.5μmの近赤外線波長域で1.7μmまでの感度を持つカメラ製品は近年各社からリリースされている状況である。当然ながら当社も0.95μm～1.7μm波長帯域に感度を持つスタンダードレンジモデルを3種類、VGA（640×512画像）エリアセンサカメラ（ABA-003IR），QVGA（320×256画像）エリアセンサカメラ（ABA-001IR），512画素ラインセンサカメラ（ABL-005IR）を準備している。しかしながら、1.7μmまでの感度では対応が難しい水分（1.94μm）やタンパク質等の検知に近赤外線波長を使った検査を検討しているケースも多く、そのようなご要望に対応するためには2.0μm辺りまでの感度を持つカメラも準備する必要がある。当社は2.0μm辺りの波長を使うことで更に新しい検査を実現できる可能性があると考えており、長波長対応を実現できるような1.1μm～1.9μm／1.3μm～2.15μm波長帯域に感度を持つミドルレンジモデルを2種類、512画素ラインセンサカメラ（ABL-005MIR），192×96画素エリアセンサカメラ（ABA-U20MIR）、更に0.9μm～2.55μm波長帯域に感度を持つワイドレンジモデルを1種類、長波長タイプの512画像ラインセンサカメラ（ABL-005WIR）も準備している。

分光分析の必要性

　近赤外線波長を使った新しい検査を実現するためには検査対象のスペクトルデータを把握すること（分光分析）が非常に重要である。スペクトルデータを把握することにより、0.7μm～2.5μmの近赤外線波長域を使った検査手法の有効性を事前に確認することが可能となり、更に具体的に狙うべき波長帯域も絞り込むことが可能となる。このように検査対象のスペクトルデータを事前に把握することは非常に重要であるが物それぞれが持つ固有のスペクトルデータに関する情報自体が不足しており、インターネット等を使った情報検索で検査対象のスペクトルデータを見つけることは難しい状況である。そのため、当社は検査装置等に搭載されるカメラ製品とは別に対象物の組成により異なるスペクトルデータを撮像処理と同時に取得可能となるハイパースペクトルカメラも用意している。ハイパースペクトルカメラは近赤外線カメラで取得する二次元の位置画像に対応した光の特性（分光情報）も一緒に取得することが可能となるため、ハイパースペクトルカメラで取得したデータを用いることで検査対象の持つスペクトルデータを理解することができ、スペクトルデータ

を基に最も効率的な近赤外線波長を使った検査システムの構築が可能となる。また、ハイパースペクトルカメラを使うことにより、撮像エリア全体における各組成分布も把握することが可能となり、可視波長では得ることができない近赤外線波長による特有な情報を基に目的に応じた効率的な後処理が可能になると考える。近赤外線カメラの能力を最大限に活かすためには検査対象のスペクトルデータを把握することが必要不可欠と考えており、そのためにはハイパースペクトルカメラを使った分光分析の必要性は今後更に増すものと考えている。当社が用意しているハイパースペクトルカメラはフレームレートが比較的速いためにこれまでのオフライン分光分析だけでは無く、ハイパースペクトルカメラを稼働ライン上に設置するようなインライン分光分析にも使えるケースがあると考えている。

赤外照明

近赤外線カメラで効果的な画像を得るためには、それに適した照明を使用することも重要である。一般的な蛍光灯や白色LEDには赤外線がほとんど含まれていないため、これらの照明を使用しても近赤外線カメラで効果的な画像を得ることはほとんど望めない。そのため、画像検査用途に適した専用の照明を使用することが重要である。近年ではLED照明もより長い波長帯域を照射可能な製品が増えてきており、0.85～1.55μmの波長帯域にそれぞれのピーク波長を持つLED照明の製品がラインナップされている。検査内容に応じた有効な波長を選択することでより効果的な画像を得ることが可能となる。サイズ・形状等も撮像条件に合わせたものを使用することできるため、応用範囲は非常に広い。また、さらに長い波長帯域（～2.55μm）に感度を持つ近赤外線カメラには、その波長帯域まで照射できるハロゲン照明が有効となる。ハロゲン照明は、ライトガイドとの組み合わせで利用されることも多いが、ライトガイドは近赤外線の透過特性に優れているものが少なく出力が大きく減衰してしまい、十分な光量を得られないケースも多い。このため、ライトガイドを用いないタイプのハロゲン照明が有効な選択肢となる。特殊なランプを使用し、画像処理用途に特化した長寿命の製品もリリースされており、インラインの検査装置への導入も進みつつある。従来のハロゲン照明にはなかったバー型や面型等の様々な形状・サイズの製品が利用可能となってきている。また、可視から近赤外（0.4～2.5μm以上）まで非常に幅広い波長特性を持つハロゲン照明は、ハイパースペクトルカメラにも最適である。一般的に強力な照射が必要とされるハイパースペクトルカメラによる撮像では、特殊な光学系を用いた集光型のハロゲン照明を使用することで、分光分析に適した画像を得ることができるようになる。近赤外線カメラでの撮像においては、使用する照明によってもその画像の良否が大きく左右されるため、アプリケーションに応じた最適な照明の選定も非常に重要である。このように近赤外線カメラで効果的な画像を得るためには、それに適した照明の選択は当然のことながら、高いライティング技術も必要となるために当社はLED照明～ハロゲン照明まで様々な製品ラインナップがあり、尚且つ非常に高いライティング技術も持たれているシーシーエス㈱（CCS Inc.）等と連携した展開を進めており、近赤外線カメラと近赤外線照明それぞれの能力がしっかり活かせるようなシステム提案を行っている。

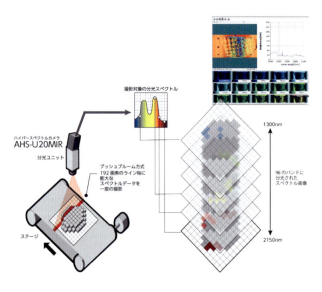

図5　パースペクトルカメラを使った分光分析

近赤外線カメラとAI・ディープラーニング

　これまでの説明により、近赤外線波長を使った撮像は人間の目で見ている画像とは大きく異なる特徴のある画像（水が黒く見える等）を取得できることが分かっていただけたと思う。特徴のある画像はその画像自体に画像処理判定の結果が含まれているケースがあり、結果として後段の画像処理をシンプルにできる可能性がある。ここに近年産業業界への導入も広がっているAI・ディープラーニングとの連携ができるチャンスがあると考えている。近赤外線波長を使った検査は撮像結果自体に特徴を持たせることにより、画像処理をシンプル化できる面からAI・ディープラーニング技術との親和性が非常に高いと考えているが、近赤外線波長で取得できる画像特徴をしっかりと理解した上で後段のAI・ディープラーニング処理が最大限活かせるようなシステム構成を意識しないと全体のバランスが崩れてしまい、結果として個々の能力を活かすことができないものになってしまう可能性もある。そのために当社は近赤外線カメラメーカーとして近赤外線波長で取得した画像特徴を意識した上でAI・ディープラーニング関係で多くの実績を持たれている㈱システム計画研究所／ISPの「gLupe」[※1]等と連携した展開を進めており、このような連携により、近赤外線波長の特徴を活かした画像検査に人間のような柔軟性を持った感覚を付加したシステム構築の実現を目指している（図6）。

近赤外線波長を使ったシステム構築の注意点

　近赤外線波長を使った新たな検査手法は可視波長では検査が困難であった内容も実現できる可能性があり、また応用の幅も広いことから今後様々な分野への導入が加速するものと思われる。しかしながら、近赤外線波長を使った検査は我々が普段目で見ている内容とは異なる特性を活かした検査となるため、上手くシステムを構築するためには注意すべき点が幾つかあると考えており、当社はカメラメーカーとしの目線を活かしながらシステム構築のお手伝いをしたいと考えている。まず一つ目は物それぞれが持つ固有のスペクトルデータを事前にしっかり把握することである。狙うべき波長帯域が絞り込めていない状況では近赤外線波長を有効に使った検査システムの構築は不可能となる。この点に関しては当社ハイパースペクトカメラを使うことにより、事前に検査対象の分光分析を行い、その分光分析データを基にカメラ選定からシステム構築までの提案が可能だと考えている。次に注意すべき点は近赤外線カメラに搭載しているセンサは混合半導体のInGaAs（In：インジウム／Ga：ガリウム／As：ヒ素）であり、InGaAsセンサは可視センサに比べて感度が弱いということを考慮したシステム構築が必要になる点である。当然ながら、暗電流を低く抑えるために大型な外部冷却機構を搭載することにより、センサ感度を上げることは可能となるが、産業業界のインライン検査をターゲットにする場合には設置面からカメラのサイズ／形状も重要となるため、当社カメラはインラインでの設置を意識したシンプルな形状としている。このような理由からカメラだけではなく、照明（ライティング技術含む）やレンズ等のシステ

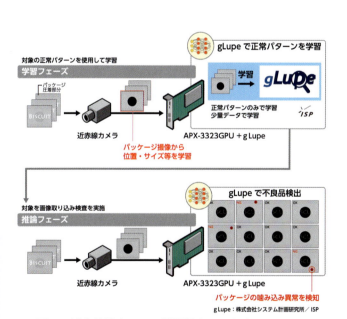

図6　近赤外線カメラ＋外観検査ソフトウェアgLupe

※1）「gLupe」は少量の正常データを学習して不良品を検出できる外観検査ソフトウェアである。従来手法では、不良品を検出するために「正常データ」だけでなく「異常データ」も大量に収集し、学習する必要があったが、「gLupe」は、数枚のデータから正常状態の特徴を学ぶため、大量の異常データの収集・学習が不要であり、製造ラインへの導入コストを最小限に抑えることが可能となるソフトウェアである。

ム全体として必要な感度を得られるような検討が必要と考える。照明に関しては固定波長であればLED照明が使えるものの、ブロードな波長が必要な場合にはハロゲン照明が必要となるが、ハロゲン照明を使う場合には発熱と寿命とのバランスを考慮した提案が必要となる。また、レンズに関してはレンズ素材やコーティング仕様によって、波長透過率が変わるためにこの点の考慮も必要となる。近赤外線波長を使ったシステムを構築するためにはInGaAsセンサを駆動状況（冷却状態と暗電流状態等）に照明とレンズそれぞれの関係性を考慮した上でシステム全体として必要な感度を得るということが重要となる。InGaAsセンサ／照明／レンズの関係性は非常に重要となるため、当社としてはカメラ単体での提案では無く、照明やレンズの専門メーカーと技術連携を行いながらユーザー環境に最適となるシステム提案を行いたいと考えており、このような活動により近赤外線波長を使った新しい検査を産業業界に広げるための力になりたいと考えている。

おわりに

"可視波長域で見えないものを可視化"できるということで近赤外線波長を使った検査手法は今後更に注目されると思われるが、我々が普段目で見ている内容とは異なる特性を持つ近赤外線波長を有効に活用するためにはその波長域の特性を理解する必要がある。近赤外線カメラを自社開発している当社はこの波長域に関する調査／研究を日々行っているため、これまでの活動により得た近赤外線波長に関する知識を活かしながらカメラメーカーという目線で近赤外線波長の性能を最大限に利用できるようなシステム構築の提案を行い、本波長域の活用を産業業界に広めたいと考えている。

【筆者紹介】

岡本　俊
㈱アバールデータ　営業部　課長

紫外線カメラ
Ultraviolet (UV) Camera
BSI型sCMOSイメージセンサ搭載400万画素カメラ

㈱アイジュール
黒澤 智明

はじめに

Gpixel社が開発した世界初のBSI型Scientific CMOSイメージセンサ GSENCE400-BSIは、世界一の感度効率QE95％（580nm）を誇る科学技術向けのイメージセンサである。BSI（Back Side Illumination）技術は、ピクセルサイズ1×1μm程度のMobile向けCMOSセンサーを感度向上させるため普及した技術である。GSENCE400-BSI は11×11μmという圧倒的な大きさのピクセルサイズのCMOSイメージセンサをBSIで製造し、マイクロレンズを載せない構造によって深紫外から近赤外まで広い範囲で高い感度を持っている。

EMCCDが主要マーケットとしていた科学技術向けカメラのイメージセンサ市場地図が、このGSENCE400-BSIの出現によってCMOSイメージセンサのシェアも高まる可能性が出てきている。当社ではGSENCE400-BSIを搭載し産業用向けに400万画素高感度カメラ『ID4Mシリーズ』（図1）を開発した。紫外線カメラをどのように使ったら良いかなど簡単に紹介する。

図1

Gpixel社について

2012年に創設されたGpixel Inc.（中国長春）は、工業用、医療用および科学用のハイエンドCMOSイメージセンサーソリューションを開発しており、開発メンバーには元CMOSIS社や元DALSA社など出身のスペシャリストが参加している。イメージセンサの製造は日本のパナソニック・タワージャズ・セミコンダクター（TPSCo）で行われている。2014年には150メガピクセルのフルフレームCMOSイメージセンサという記録的なセンサーを製作し、その後、本項で紹介するBSI型sCMOSイメージセンサなど意欲的な新製品を次々にリリースしている。創立者であり社長のDr. Xinyang WangはImage Sensors Europe Awards 2017でイメージセンサ経営者部門のWinnerを受賞しているほか、Image Sensors Europe Conference 10周年記念でも、"Image Sensor CEO/Managing Director of the Year"を受賞している。

紫外線について

図2に示すとおり人間が見える部分を可視光線（380～760nm）、紫から赤までの波長で人間には見えない紫色の外側（短波長側）を紫外線、赤色の外側（長波長側）を赤外線と呼んでいる。紫外線においては紫色から順に近紫外UV-A／UV-B／UV-C→遠紫外と呼び200nmから10nmまでを真空紫外と呼んでいる。最近では水銀全廃を受けて殺菌用ランプの代替として短波長を出力するLEDも開発され200～300nmの波長を深紫外と呼ぶようになってきた。

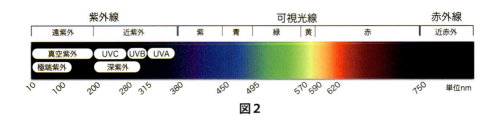

図2

　図3は、NASA SOD（Solar Dynamics Observatory）が公開している人工衛星から同時刻に太陽を撮影した紫外7波長と可視光の比較画像である。太陽からは広帯域なスペクトルが放射されているのが判る。太陽の光は地球の大気圏で290nm以下の短波長は吸収され、地上に降り注ぐ紫外線はUV-AとUV-Bだけになっている。紫外線はDNA損傷や皮膚の炎症を起こしたりするため、人体に有害というイメージが強いが、UV-Bは歯や骨の成長を助けるビタミンD3生成に必要であるし、科学・産業に紫外線は無くてはならない光であり特に物質分析における紫外光の恩恵は周知のとおりである。

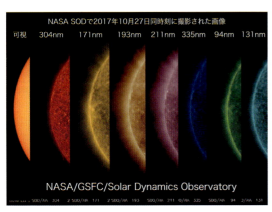

図3

紫外線カメラの応用分野

　Gpixel GSENCE400-BSIのカタログに記載している利用分野は、ハイエンドな科学技術用、天文分光、コロナ放電検出、法医学などとされている。当社では産業用アプリケーション向けにカメラ提供することを考え、画像検査装置や自動組立装置に組込んで使って貰えるソリューションを提案したいと考えている。

　人間は紫外光を感知することはできないので、そもそも紫外線カメラでは何が見えるのか？という質問が多い。色の概念がないので物質が吸収する固有スペクトルを利用した濃淡画像や紫外光の発光が見える事になる。その現象によって物質の同定や物質の違いを利用した画像検査を提案したい。特にプラスチック、油脂、ゴム、電子材料など有機材料は、紫外線吸収が顕著な物質が多いので産業用途としても多方面に有効と考えている。

400万画素高感度UVカメラ『ID4M-UVシリーズ』

　『ID4Mシリーズ』は、図4のとおり搭載するセンサーによって分光特性をシフトした三つのモデルを用意している。各モデルの分光特性シフトは、反射防止膜の材料変更とエピ層の厚みの違いによって実現している。Gpixel社の資料では紫外線の分光特性は200nmまでとなっているが、実は200nm以下の光源による測定ができないことが原因であり、200nm以下のUV光源を持つユーザからは200nm以下も十分な感度で

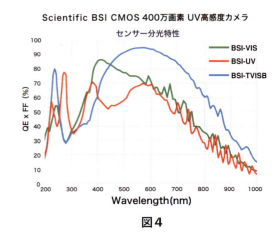

図4

紫外線カメラ

観測できている事が報告されている。

従来、科学技術用に使用するEMCCDカメラは、ペルチェなどの機構により冷却することで低ノイズカメラを実現している。GSENCE400-BSIはマイクロレンズ無し、BSI、大型画素、低ノイズに対応した回路により高い感度だけではなく、低ノイズ性能も実現している。『ID4Mシリーズ』は、ペルチェや空冷などを搭載しなくても十分、産業利用できるレベルのカメラに仕上がっている。図5の左は当社のマシンビジョン用400万画素カメラ（ピクセルサイズ5.5×5.5μm）と比べると同じ400万画素センサーでもGSENCE400-BSIのピクセルサイズ11×11μmがいかに大きいピクセルサイズなのかが判る。概要仕様を表1に記載する。

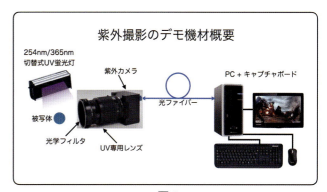

図6

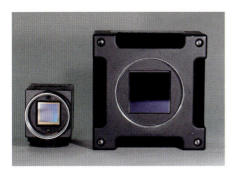

図5

紹介する。図6に示すとおり紫外線撮影には紫外線カメラ、紫外専用レンズ、バンドパスフィルタ、紫外光源（紫外発光を見る場合は不要）が必要となる。一般的なマシンビジョン用レンズは可視用（400～1000nm付近）に作られているため紫外光透過は期待できない。UVA～深紫外の紫外撮影には、硝材に石英や蛍石を使った紫外専用レンズを使うのが理想的である。光源は簡易的に使える365nm／254nm切替式UV蛍光灯を使用した。撮影実験にはバンドパスフィルタが非常に有効で、今回は、254nm（半値10nm 透過率20％）の狭帯域バンドパスフィルタと330nm（半値60nm 透過率73％）を用意した。撮影実験にはEyeケアのためにUV防護眼鏡が必須であるので同様な実験を行う際は注意されたい。実験には240nmのQEが79％以上あるID4M-TVISB-OPTを使用しUV光源とバンドパスフィルタ使用時における紫外線の感度帯域は図7

表1

型　式	ID4M-VIS-OPT	ID4M-UV-OPT	ID4M-TVISB-OPT
出力インターフェース	光ファイバーインターフェース Opt-C:Linkプロトコル			
イメージセンサ	ローリングシャッタ　400万画素(4M)　Gpixel社BSI CMOSセンサー			
イメージセンサタイプ	GSENCE 400BSI-VIS	GSENCE 400BSI-UV	GSENCE 400BSI-TVISB
イメージサークル 画素セルサイズ	画素エリア：22.528 x 22.528　イメージサークル：Φ31.859mmサイズ 画素サイズ：11μm x 11μm			
映像出力	有効画素2,048(H) x 2,048(V)			
分解能	STDモード：モノクロ8bit/12bit HDRモード(High/Low)：モノクロ各8bit/各12bit			
フレームレート	STDモード：　8bit@57fps　　12bit@35fps HDRモード(High/Low)：8bit@28.5fps　12bit@17.5fps （垂直ライン数変更で高速化可能）			
ゲイン設定	0～+42db			
シャッター速度可変範囲	STDモード：off～1/34,000s　HDRモード：off～1/40,000s			
トリガーモード	固定シャッタートリガーモード、パルス幅シャッタートリガーモード			
対応キャプチャボード	OptC:Linkボード または IF.HOTARUボード(対応予定)			
レンズマウント	M42マウント　P=1mm　（Cマウント、Fマウント変換有り）			
サイズ(突起部含まず)	H：70mm W：70mm D：44mm　重量約280g			

仕様は予告なく変更される場合があります

紫外線カメラの撮影実験

『ID4Mシリーズ』のデモ機材で紫外線撮影の実験を

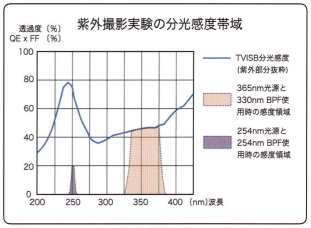

図7

産業用カメラの選び方・使い方

に示す。

　図8は模様入りコンタクトレンズのパッケージを可視撮影と365nm光源の透過で撮影した画像の比較である。バンドパスフィルタには330nm（半値60nm）を使用した。コンタクトレンズの模様の下に気泡が存在するが、紫外光がパッケージのプラスチック、コンタクトレンズ、生理食塩水に吸収された場所と空気がある部分の紫外吸収のスペクトルの違いで濃淡がハッキリしているのが判る。

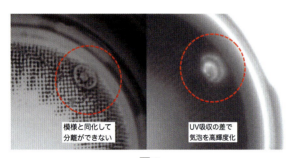

図8

　図9はコピー用紙の上に各種材料を置いて可視（F5.6/Gain:0/Low Gain mode）、365nm光源（F5.6/Gain:0/High Gain mode）、254nm光源（F5.6/Gain:1.5倍/High Gain mode）で撮影した画像である。紫外光の吸収が多ければ黒色になっており365nmで吸収が始まる材料や254nmで吸収が顕著になる材料があることが判る。対象物は上の段左から潤滑油／エタノール（蒸発後）／エラストーマ／POM／シリコーン／ガラス、下の段左からフィルコーティング錠1、裸錠1、裸錠2／裸錠3／フィルムコーティング錠2／ガムである。POMについては紫外線を吸収していないので紫外線防止用の反射材料が含有しているのではないかと思われる。

おわりに

　紫外線の吸収を利用した物質の分光分析は50年以上も前から化学、油学、薬学などでは一般的なことであった。可視光では難しい対象物にお困りの際は、対象物質の紫外吸収スペクトルをインターネットで検索し、紫外吸収の波長の違いや吸収度の違いが判れば光明がみえる可能性がある。色という可視スペクトルでは判断が難しかった材料の不具合や位置検出を紫外線カメラによって解決する新しいチャレンジが増えていくことを期待している。

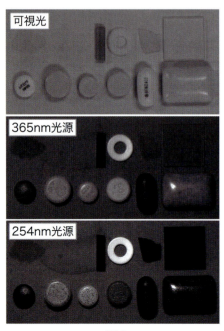

図9

【筆者紹介】
黒澤　智明
㈱アイジュール　代表取締役
〒272-0133　市川市行徳駅前2-17-2TN.Kビル4F
TEL：047-306-7155
E-mail：info@idule.jp

小型グローバルシャッタカメラ

Small Global Shutter Camera
1.2M画素　小型グローバルシャッタカメラ

㈱アイジュール
黒澤 智明

はじめに

　小型カメラというキーワードで検索すると、スパイカメラのようなピンホールカメラや工業用内視鏡までさまざまな小型カメラが存在する事がわかる。使用されているセンサはCCDやCMOSだが、グローバルシャッタ（以下GSとする）の対応カメラではない。本項ではマシンビジョン向けのGS対応イメージセンサを搭載する小型カメラを中心に説明する。当社では産業用途向けにできる限り小さなGS対応カメラを提供することを使命としており、1/3インチ 1.2M画素（1280×960ドット）のヘッド分離型φ14mm小型GSカメラ ID1MX-UCL（図1）を開発した。小型GSカメラの仕様決定には小型化と性能のトレードオフがあり、本稿では、開発企画の段階からどのようにして仕様を決めたかも含め小型GSカメラを紹介する。

図1

GSカメラの大きさについて

　VGAクラスのGS対応イメージセンサはバーコードや2次元コードの読取りを行うPOS用スキャナ向け出荷量が多い。動いている対象物や手に持ったスキャナで2次元コードを正しく読み取るためにGS機能が必要となる。POS用ハンディ2Dスキャナの中身を覗いてみると図2のように照明・レンズ一体型の小型カメラが組込まれている。残念ながらコード読取り機能組込みのGSカメラのためGSカメラ単体としては使うことができない。

ハンディ2Dスキャナに組込まれたカメラ

図2

　POS用ハンディ2Dスキャナの筐体に組み込むGSカメラは、照明、レンズを専用設計することで小型化を実現している。このようにレンズを交換しない設計であれば、小型化設計の自由度が上がる。しかし、

汎用のマシンビジョンカメラではレンズ交換機能は必須であり製品開発する場合は、図3のように採用するイメージセンサとパッケージのサイズ、交換レンズのマウント、電子基板の形状、一体型かヘッド分離、筐体の有り無し、I/Fの種類などの項目のバリエーションで仕上がる大きさに違いが出てくる。

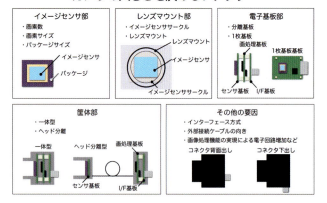

図3

図4

図4は当社のマシンビジョンカメラを並べて撮影した写真である。左から順に1.2M画素1/3インチ M12マウント（ヘッド分離型）、VGA 1/3インチ NFマウント（一体型）、5M画素 2/3インチ Cマウント（一体型）、12M画素 APSライク M42マウント（一体型）、50M画素オーバー 35mm M58マウント（一体型）となっている。一体型のカメラはイメージセンササイズとレンズマウントが大きさの支配的要素となっている。当社のCマウント 5M画素カメラでは、内径25.4mmのCマウントを装着するため、大きさは限界に近い1辺を29mmとしたキュービックサイズ（突起含まず）としている。

図5は当社一体型カメラの中で一番小さいVGA 120fps 1/3インチ NFマウント（一体型） 型式ID03MX-CLLはPoCL Liteに対応したカメラである。対応レンズをNFマウント（内径17mm）としており、カメラの外形は21.5mmキュービックサイズ（突起含まず）となっている。1辺あたり21.5mmの大きさにセンサ基板、画処理基板、電源・伝送基板を詰込むために、図6のように基板間の接続をコネクタで行わないリジットフレキ基板を採用している。リジットフレキ基板は、基板間接続をコネクタで行うカメラ構造よりも振動に強いことや信号品質も保たれるため、当社では全てのカメラ製品に採用している。

図5

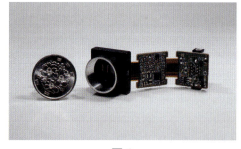

図6

ヘッド分離カメラ

当社の一体型最小サイズのID03MX-CLLは1/3インチのイメージセンサを搭載し21.5mmキュービックサイズを実現したが、1/3インチの一体型カメラではこのサイズが限界と思われる。更にサイズを小さくするために、ヘッド分離というカメラ構造がある。イメージセンサ基板と画処理・伝送部とに分離することで小型化を追求する構造となる。

小型グローバルシャッタカメラ

ヘッド分離によって小型化されるGSカメラのメリットは、省スペースの特長を活かし装置への組込がしやすい事や、加工装置の加工部直近にカメラを設置できる事をメリットとしている。図7に示す光の逆2乗法で知られるとおり、弱い発光現象や低照度で高速シャッターを使用するようなアプリケーションの場合、対象物に近いほうが感度的に有利になるため、対象物になるべくカメラを近づけたいというニーズにヘッド分離型カメラがマッチしている。

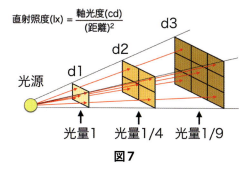

図7

新開発小型GSカメラ

ヘッド分離の新製品を開発するにあたり表1のようにイメージセンサの選定と仕上がり寸法、その他の特長をトレードオフしながら製品仕様を煮詰めていった。真っ先に決めたのはイメージセンサである。前機種と同等のVGAにすればφ9mmの小型GSカメラの開発も可能であった。しかし、高画素化を図り前機種の3.6×3.6μmピッチのピクセルサイズを大きく変更しなくて済むことに加え供給面を考え、イメージセンサはOn semiconductor社のAR0135とした。このセンサは車載カメラにも使われているシリーズで、後継機種を含め長い供給期間の期待が持てるセンサである。

AR0135は1/3インチ（高さ4.8mm×幅3.6mm）のセンサであるがBGAパッケージサイズは高さ9mm×幅9mmの対角13mmとなる。そのためカメラヘッドはφ14mmとした。φ14mmのカメラヘッドで1.2M画素のイメージセンサの解像度を取るか、VGAでφ9mmの小型化を狙うかについては、事前に既存ユーザなどへ意見を求めた。結果として市販M12マウントレンズ、M10.5テレセンレンズ（TBD.）が使用できるメリットが大きくφ9mmのVGAよりもφ14mmの1.2M画素カメラID1MX-UCL（図8）を優先して開発することとした。M12レンズには魚眼から望遠までさまざまなレンズが提供されている。

新開発のID1MX-UCLに追加搭載した機能は大きく三つある。一つ目は、カメラヘッドとカメラコントロ

表1

項目	旧型φ6mm 超小型GSカメラ	判定	新開発 ID1MX-UCL
センサーサイズ	1/7.5インチ	↗	1/3インチ
採用センサー	CMOSIS NanEye GS		Onsemi AR0135
カメラヘッド	φ6mm L:40mm	↘	φ14mm L:50.5mm
ピクセルサイズ	3.6 x 3.6μm	⇒	3.75 x 3.75μm
画素数	40万画素	↗	120万画素
カラーフォーマット	モノクロ8bit / Raw8bit	↗	モノクロ8-12bit Raw8-12bit YUV8-12bit RGB各8bit
有効画素数	630 x 637	↗	1ヘッド 1,280 x 960
フレームレート	90fps	⇒	1,280 x 960 36.5fps 1,280 x 720 48.3fps 1,280 x 480 71.3fps
PCインターフェース	USB3.0		USB3.0 Camera Link Base
USBドライバー	専用USBドライバー	↗	UVC対応
レンズマウント	オリジナルマウント	↗	M12マウント M10.5マウント(TBD)
対応レンズ	F4.0 FOV56°レンズのみ	↗	市販の汎用レンズ対応
ヘッド分離ケーブル	最大3m	↗	5m以上対応可能
その他の機能		↗	2ヘッド対応 2,560 x 960 36.5fps 2,560 x 720 48.3fps 2,560 x 480 71.3fps

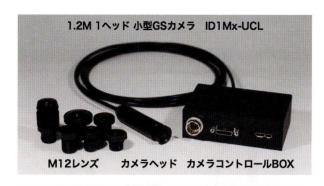

1.2M 1ヘッド 小型GSカメラ ID1Mx-UCL
M12レンズ　カメラヘッド　カメラコントロールBOX

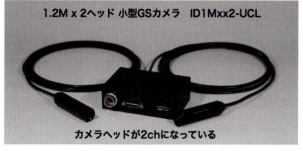

1.2M x 2ヘッド 小型GSカメラ ID1Mxx2-UCL
カメラヘッドが2chになっている

図8

ールBOXとのケーブル接続において5m以上の伝送を確実に行うため伝送デバイスに車載カメラで採用実績の多いMaxim社のGMSLシリーズという映像伝送デバイスを採用した。カメラヘッドとカメラコントロールBOXを接続するケーブルはオリジナルの高屈曲ケーブルとなっている。

　二つ目は、USB3.0のPCインターフェースの他にCamera Link BaseコンフィグのPCインターフェースを持たせた。これにより簡単な実験や評価はUSBで行ない、装置組込みにはCamera Linkでシステム化することも可能になる。

　三つ目は、ステレオ同期撮影や多眼での取込みに便利になるよう1280×960ドットの二つのカメラ映像を2560×960ドットの一つのカメラ映像としてUSB3.0またはCamera Link Base出力できるようにした。図9のとおりCamera Linkのキャプチャーボードを使用することで1枚のキャプチャボードに最大8台のカメラヘッドの同期撮影もできる。これにより図10のように小型GSカメラを対象物の直近に多眼配置して撮影するアプリケーションの自由度が高くなる。

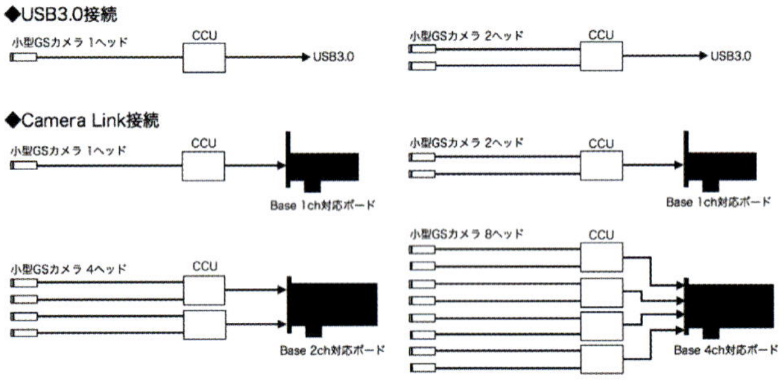

おわりに

　当社のID1MX-UCLは市販のM12レンズが使える事、2ヘッドの同期撮影機能を特長とするφ14mmのヘッド分離型カメラで1.2M画素の解像度で撮影できるGSカメラでは最小クラスである。今後はストレートタイプの他にLアングルの製品化を予定している。このようなヘッド分離型カメラは、一体型の小型GSカメラではできなかった装置の加工部先端に複数台を配置するなど、新しい画像システムの構築が可能になるので、色々なシーンで使って欲しいと考えている。

図9

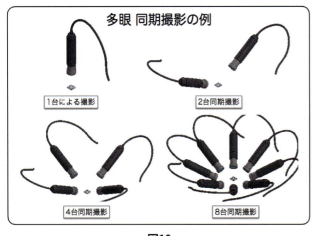

図10

【筆者紹介】

黒澤 智明
㈱アイジュール　代表取締役
〒272-0133　市川市行徳駅前2-17-2
　　　　　　 TN.Kビル4F
TEL：047-306-7155
E-mail：info@idule.jp

ハイパースペクトルカメラ
Hyper-spectrum Camera

産業用途向けに最適なハイパースペクトルカメラFX10、FX17

㈱リンクス
片山 智博

はじめに

現在、ハイパースペクトルカメラがインラインでの検査において新しい技術として注目されている。スペクトル解析自体は長年の歴史があるものの、なぜ今注目を浴びているのか。それは、ハイパースペクトルカメラの低価格化が影響している。本稿では、ハイパースペクトルの説明、適用事例、ハイパースペクトルカメラの原理とコスト高の背景、この問題を解決した弊社取り扱い製品Specim社製FX10、FX17の特長、最後に適用事例を紹介する。

ハイパースペクトルとは

光はさまざまな波長から構成されていて、例えば人間にとって白く見えるものは可視光領域の400～800nmまでの光が均一に混ざっていることを意味する。また、木（植物）を通常のRGBカラーカメラで撮影すると、図1のようにGの輝度が大きく反応する。しかし、実際には光はRGBといった三つの大枠のバンドで構成されているのではなく、もっと細かな波長の光から構成されている。たまたまカラーカメラは、この複雑な波長の組み合わせを三つの帯域で大まかに撮像しただけなのである。

これに対し、ハイパースペクトルとは光の波長を細かな帯域で計測したものである。一般的に可視光領域を単純に三つのバンドで計測すると「RGB」、数10バンドで計測すると「マルチスペクトル」、数100バンドで計測すると「ハイパースペクトル」となる。

ハイパースペクトルカメラの原理

ハイパースペクトルカメラでもっとも一般的な手法として用いられているのが、図2に見られる「プッシュブルーム方式（Push-broom）」である。図2中の左に撮像するライン（Scan Line）が表示されているが、このラインの中で黒く塗られた1ピクセルに焦点を当てて原理を説明する。このピクセルは、い

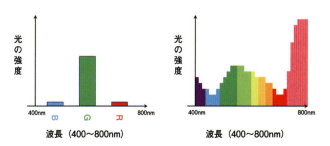

図1　光はRGBよりもっと細かな波長の光から構成されている

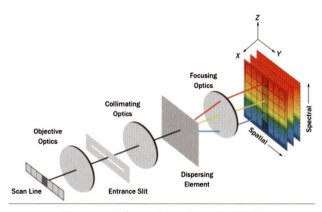

図2　ハイパースペクトルカメラの原理

くつもの光学部品によって構成される「グレーティング」を通過すると、光が決められた波長ごとに分解され、その分解された各波長の光は受光素子（CMOSもしくはInGaAs）の各ピクセルに照射される。XXnmの光はこのピクセルへ、YYnmの光はこのピクセルへ、といった感じである。つまり、受光素子の縦方向は光の波長ごとの明るさを意味し、横方向は物理空間の横軸を意味する。

繰り返しになるが、一つのピクセルがグレーティングによって分解された波長は、受光素子の縦方向で輝度を計測する。一方で横方向はそのまま物理空間の横方向を意味する。つまり、一つのラインが、二次元のデータとして受光素子上で計測されることになる。これを二次元の平面の計測に適応するには、図3のように対象物をコンベヤベルトで動かしながら計測する必要がある。

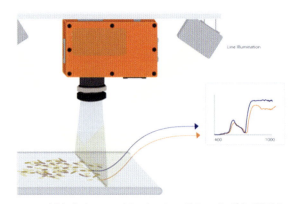

図3　対象物をコンベヤベルトで動かしながら計測する

これまでのハイパースペクトルカメラの問題点

前節で解説したプッシュブルーム方式の場合、一般的にグレーティングは市販の光学部品を組み合わせて構築されるが、最終的な光の到着点である受光素子（CMOSやInGaAs）の各ピクセルが15μm程度の大きさと考えると、これらの光学部品をいかに精密に組み立てなければならないか想像できるだろう。XXnmの光はこのピクセルへ、YYnmの光はこのピクセルへ、という調整を手作業で精密に部品を組み合わせながら行うのである。これがハイパースペクトルカメラのコストが高くなる原因の一つである。

また、精密な手作業だけでなく、光学部品そのものも市販品をいくつも組み合わせるため、それぞれの部品に無駄な性能とコストが乗っていると考えられる。というのも、それらの部品はハイパースペクトルカメラ専用に設計されたものではないためである。

まとめると、これまでハイパースペクトルカメラの価格が高止まりしていたのは、

(1) 精密な手作業による組み立て、
(2) 光学部品が市販品の組み合わせで冗長、

と考えられる。これまでの研究用途や航空宇宙用途の市場規模で考えると、ハイパースペクトルカメラのコストは1000万円以上というのが通常であった。ハイパースペクトルカメラの価格高に対して常識を打ち破ったものが、後ほど紹介すSPECIM社製ハイパースペクトルカメラFX10、FX17である。

5.Specim社ハイパースペクトルカメラFX10/17の紹介

Specim社製ハイパースペクトルカメラFX10、FX17紹介する。FX10は可視光領域の感度をもち、FX17は近赤外領域の感度を持つハイパースペクトルカメラである。詳しい仕様は表1となる。

Speicim社製ハイパースペクトルカメラFx10、FX17は以下カメラ製造元のSPECIM社（フィンランド）は、これまで数十年間にわってハイパースペクトルカメラを製造してきた、いわば老舗のような会社である。しかし同社は、この業界で初めて自ら財務的に大きな投資を行うことで、コストを一気に下げることを行った。これまで汎用品の組み合わせだった光学部品を、無駄が一切生じないようにハイパースペクトルカメラの目的だけに特化して設計した。また、精密な手作業での組み上げが必要となる製造工程も、自動化もしくは単純化によって大量生産の体制を整えた。これらの意欲的な投資により、価格をこれまでの半額にまで抑えることに成功した。

価格半額以外にも、高速、高品質、小サイズという特徴を備えている。それぞれの特徴について説明する。

表1　FX10ならびにFX17仕様

モデル	FX10	FX17
検出波長帯	400−1000nm	900−1700nm
バンド数	224	224
FWHM（半値幅）	5.5nm	8nm
解像度	1024px	640px
フレームレート	330fps（フルフレーム時） 9900fps（1バンド選択時）	670fps（フルフレーム時） 15000fps（4バンド選択時）
視野角（FOV）	38°	38°
F値	F/1.7	F/1.7
SN比	600：1	1000：1
インターフェース	GigE Vision もしくは CameraLink	GigE Vision もしくは CameraLink
寸法	150×85×71mm	150×85×71mm
重さ	1.26kg	1.56kg

検査機においても等しい検査能力が実現できる。

小サイズ

　低価格化の説明において、光学系を専用のモジュール化したことを説明した。このモジュール化により低価格化だけではなく、カメラの小サイズ化が可能になった。以下に比較の図4を示す。如何に小さくなったことがおわかりいただけるだろう。

図4　サイズの比較

高速

　マシンビジョンでは大量の検査対象を高速に撮像することが求められる。FXシリーズは全波長を撮像しても高速に撮像できるが、更に撮像する波長帯を絞り込むことで、高速化することができる。例えば、900〜1700nmの波長帯から1000〜1010nm、1200〜1230nm、1600〜1650nmの波長帯のみ撮像するという設定が可能である。FX17の場合、フルバンドで撮像した場合670FPSの取り込み速度であるが、3バンドに絞り込むと15000FPSまで取り込み速度を向上させることができる。

高品質

　生産現場における検査にでは均一な品質が必要とされる。例えば、複数台の検査機によって検査を行う場合、それぞれの検査機で処理結果が異なることは許されない。しかしながら、ハイパースペクトルカメラは手作業により組み上げていたために、製品によって性能のばらつきが発生していた。カメラの性能のばらつきは検査の品質のばらつきにつながるためマシンビジョンにふさわしくない。FXシリーズは製造工程の自動化もしくは単純化により、製品のばらつきが抑制されている。これにより、複数台の

ハイパースペクトルカメラによる適用事例

　本章ではハイパースペクトルカメラを利用した適用事例について紹介する。

近赤外領域でのスペクトル解析の事例

　多くの物質は近赤外領域において、異なる波長で光を吸収する特徴を持っている。つまり、近赤外の領域で光の吸収特性を観察すると、その物質を特定することができる。以下に物質特定を利用した事例を紹介する。

選別機

　米、麦、豆、茶、といった粒状の物質に混入する異物を取り除く装置があるが、現在はどれも前述の通り3バンドRGBカメラで行うのが通常である。しかし、色が似たようなものを選別するにはカラー情報では不十分であり、まさにハイパースペクトル情報が求められるようになる。その一例として、穀物の選別と、ナッツの選別、プラスチックの選別を図5〜7に示す。プラスチックについては、リサイクルのために裁断された後に異物を取り除いたり、異なる成分の

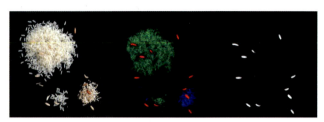

図5　穀物に混入した同色の異物の検出
（画像提供：Perception Park）

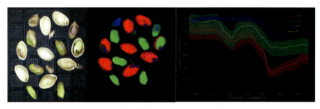

図6　殻が外れたナッツの検出
（画像提供：Perception Park）

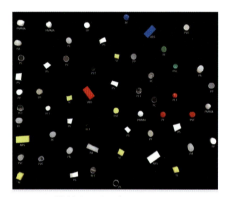

図7　裁断されたプラスチックの選別
（画像提供：Perception Park）

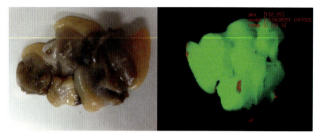

図8　アサリのむき身上にある異物検査
（画像提供：美和電気工業）

図9　廃棄物リサイクル
（画像出典：ゼンロボティクス社）

プラスチックを仕分けるといった要求がある。

また、穀物やプラスチックのような粒状のものに限らず、海産物でも異物検査が可能である。以下の例は、アサリのむき身の上にある貝殻を抽出している。

リサイクル

選別するのは小さなものとは限らない。廃棄物処理の世界では、木材や金属、プラスチック、布、石、段ボールといった種類を認識して選別する。ハイパースペクトルカメラを用いて物体の材質を認識し、さらに3次元カメラでその物体の位置姿勢を認識して、そこへロボットを移動させてピッキングすることにより該当するボックスへと分別していく（図9）。

水分の含有量計測

木材加工の分野では、節が存在すると木材としての価値を落とすため、2次元の画像処理で節の位置を検出し、節を回避しながら最大面積を取れるように加工することはこれまで行われてきた。しかし最近はさらなる要求として、木材の水分含有量が少ない部分を検出して加工することで木材の価値を高める動きがある。木材の中心に近い部分が心材と呼ばれ、皮に近い部分が辺材と呼ばれるが、心材は水分含有量が少ないのが特徴であり、そのため耐久性が高く腐朽菌が繁殖しにくいというメリットがある。この水分含有量の検出にハイパースペクトルカメラが用いられる（図10）。

図10　木材の水分の含有量計測
（画像提供：Perception Park）

噛みこみ検査

検査装置メーカがしのぎを削って取り組んでいるのが、包装物のシール部の噛み込みの検出である。図11のように、包装シール部に噛み込みが発生すると、製品が小売店に届くまでに腐食が発生するので検出が強く求められている。しかし、シール部まで印刷がされている場合が多く（以下はシール部の印刷はないが）、その場合は2次元の画像処理では検出が不可能になる。これまで、2次元画像処理での検出が行われたり、熱圧着させた直後にサーモカメラで温度によって検出したり、3次元カメラで浮きを見ることで検出することが試みられてきた。しかしここ最近になって、ハイパースペクトルによりシール部に内容物の物質を検出する、もしくはシール部の接着剤の物質が全方位に存在するかを検出する、といった物質の検出によるアプローチが検討されている。

図11　包装物のシール部の噛み込みの検出

可視光でのスペクトル解析の事例

可視光でのスペクトル解析の事例を紹介する。可視光領域では物質の同定は向いていないが、厳密な色味の検査には適している。

ディスプレイ検査

スマートフォンや自動車用ディスプレイの色彩性能を確認するために、赤や青といった決められた色を表示し、それをハイパースペクトルカメラで各波長領域を厳密に計測する。これまでの検査では色差計による検査が行われてきたが、ディスプレイを点で計測するため検査に対する信頼性、計測ヘッドの搬送による計測時間の増大などが問題としてあった。ハイパースペクトルカメラを利用することにより、面で計測をおこなうことによる検査の信頼性向上、計測ヘッド搬送時間の短縮による計測時間の短縮の効果が得られる。合わせて、色の検査だけでなく、輝度計測（cd/m^2）も同時に行うことが可能である（図12）。

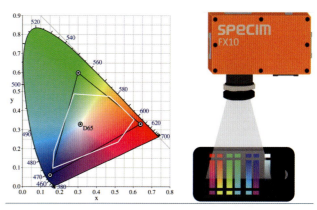

図12　ディスプレイの色彩性能を確認
（左のRGBカラートライアングルの出典はWikipedia）

おわりに

ハイパースペクトルカメラの適用事例とSPECIM社製、FX10、FX17の特長とマシンビジョンにおいて最適なカメラであることを説明した。これまで画像処理で実現できなかった多くの課題が、スペクトル解析によって克服できる世界が広がっていることが理解できるだろう。ハイパースペクトルカメラの選定においてお困りの方は本稿が選定の一助となれば幸いである。

最後に、無償にてサンプル評価を実施しているので、読者の方々には検討いただきたい。

【筆者紹介】
片山　智博
㈱リンクス　画像システム事業部

冷却カメラ
Cooled camera
ノイズ低減だけではない冷却カメラの優位性

ビットラン㈱
加須屋 正晴

はじめに

　カメラのデジタル化はカメラの利便性を格段に広げた。ただ"画像"を撮影してイメージを映し出す機器だったカメラは、撮影した"画像"を数値化したデジタルデータで出力する検査機器としての役割も担うようになったのである。これにより人間の目で確認していた製造業などの検査は、カメラで撮影したデータを処理して判断するマシンビジョンへと移り変わって行った。

　デジタルセンサのCCDやCMOSを搭載した利点は民生品のカメラでは撮影した直後に画像が見えることや、記録メモリの容量だけ何枚も撮影が行えてパソコンへのデータ移動も簡単に行える点が大きいのではないだろうか。一方でマシンビジョンなどの産業用途では何と言っても画像が数値データとして扱えることだろう。

　デジタルカメラで撮影した画像はX方向とY方向の二次元にZ値（輝度）のデータを追加した三次元で扱うことができる。XYの平面上での位置を特定し、Z値（輝度）のパターンや変化を数値として解析することで様々な検査や解析が行えるのである（図1）。

　また、デジタルカメラは世代を追うごとに高性能化され、画素数が増えたことで分解能が高くなり微細な違いの検出が行え、ズームを行った際にも高い解像度を得ることが可能となった。さらに裏面受光やメーカ独自の製造技術により感度がアップし、微弱な発光の撮影や低照度の夜間撮影ではシャッタ時間のより一層の短縮が可能となったのだ。今では製造業をはじめ、医療やライフサイエンス、セキュリティ、宇宙・航空などあらゆる場面で多種多用なデジタルカメラが利用されるようになったのである。

　すると様々なかたちで新たな要望が求められてくる。その中には検査機器としての精度のより一層の向上も望まれた。先に述べたようなZ値（輝度）を計測や比較するような用途では、より厳密に精度を求められるようになったのである。しかしデジタルカメラには同じ被写体を撮影した場合でもZ値（輝度）

XY二次元表示

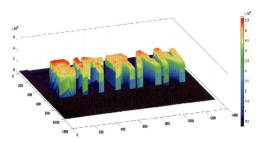
XYZ三次元表示

図1　デジタルデータの解析

が全く同じ値にはならない要素が存在したのである。

なぜ冷却をするのか

　CCDやCMOSなどのデジタルセンサは、撮影した輝度信号SとノイズNの比率で画質が決まる。SとNの差が十分にあれば被写体がはっきり写る綺麗で高画質の画像となり、反対に差が少ないとノイズに埋もれてくっきりしない低画質な画像となってしまうのだ。したがってこのS/N比をいかに良くするかが高画質にする上では重要となる。

　単純に輝度信号Sを高くするためには被写体自体を明るくしたり、より多くの光を集めれば良いので感度が高いセンサやシャッタ時間を更に長くしたりすることが思いつくだろう。一方でノイズNは読み出しノイズやショットノイズ、ダークノイズ（暗電流）など複数のノイズが集まった値であり幾つもの要因が存在するのだ。そのため簡単にノイズを低くするといっても複雑になってしまうのだ。

　例えば読み出しノイズやショットノイズなどは毎回、固定された値でありセンサやカメラ設計上の要因であることが多い。このため製造メーカが世代を追うごとに日々改善を行い近年では驚くほど少ない値まで抑えられるようになってきた。だがダークノイズは改善されてきたものの、主な要因は撮影した状態に依存するため輝度信号Sをも上回る値となってしまうくらい一番影響が大きいノイズなのである。

　デジタルセンサは光を蓄積して撮影するので、シャッタ時間だけ電荷の読み出しを停止させて溜める動作に入る。この間に必要な電荷を溜めていくのだが、同時に受光した光量とは関係なくセンサ自体から発するノイズも蓄積されていく。これがダークノイズなのである。

　光量に関係ないので光を全く受光していない遮光状態でも発生し、センサ自ら発しているのでシャッタ時間に比例して長ければ長いほど値も大きくなるのである。さらにセンサの温度が高いほど蓄積されるノイズがより多くなる特性があるのだ。

　電子回路の集合体であるデジタルセンサは、動作時は常に通電されており、センサの温度は上昇する。したがってデジタルセンサは動作しているだけで自らノイズを増やす要因を作ってしまっているのだ。

　そこで生まれたのが冷却なのである。

　デジタルセンサの特性は温度が上がるとノイズが増えるのだが、反対に温度を下げればノイズも下げることができる。その効果はどれほどかと言うと一般的に温度が約7℃下がるごとにダークノイズが1/2になると言われている。そしてこの特性を最大限利用したのが冷却カメラであり上記の理論上、センサの動作温度が40〜50℃ぐらいであれば0℃までセンサを冷やすことでダークノイズは1/128に低減できるので、冷却による効果は絶大なのである（図2）。

冷却カメラの優位性や用途とは

　冷却カメラについて「シャッタ時間が短いから冷却の意味はない」という声を耳にしたことはないだろうか。これは先の項目でも述べたように、ダークノイズはシャッタ時間に比例して増えるためシャッタ時間が短ければ影響は少なくなる。

　被写体が明るければシャッタ時間が短くても十分に信号も確保できるので、たとえセンサの温度が上昇しノイズの値が増えてもS/N比の割合から影響が少ないということであろう。確かにパターン認識や読み取り検査などは定量の光源を用いる場合も多く、識別を誤るほどの変動でなければ非冷却カメラで十

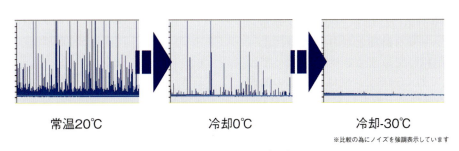

図2　冷却によるノイズの変化

分に必要性能を充たせるだろう。そのような用途において冷却カメラは、非冷却より大きな筐体と価格面からしても不要なオーバースペックとなり得るかもしれない。

ではどういった場面で冷却カメラは性能を発揮するのだろうか。冷却カメラの特性としてもっとも知られているのは、冷却によるノイズの低減だろう。ノイズを減らし微弱な光を捉える用途では顕微鏡などに取り付ける生物発光などでも多く使われている。このような場合、シャッタ時間がある程度必要となってくるので冷却が威力を発揮する。

上記はセンサ温度の"冷却"であるが、これに合わせてもう一つ重要な冷却カメラの機能としてセンサ温度の安定した"管理"が挙げられる。冷却カメラの性能としてはあまり知られていないかもしれないが、本格的に冷却と謳われているカメラは温度の管理機能を有していることが多い。

ダークノイズは主にシャッタ時間とセンサ温度に依存し、再現性が高い。即ちシャッタ時間とセンサ温度を常に同じ状態を保つことで、冷却カメラは被写体の光量以外に変化する要素を大幅に取り除くことが可能とのだ。産業用カメラとしてはデータの信頼性は重要要素であり、この結果、冷却カメラは光量を計測するような測光の用途でも活用されている。

加えてこの再現性の高さを利用した撮影が、冷却カメラでは一般的に知られているダークフレーム処理と言われる方法だ。特に天体撮影などで行われているが、実際の被写体の撮影と同条件にした遮光状態の撮影画像を後から差し引くことにより、ダークノイズを除いた画像にするのだ（図3）。

さらに近年、急速に普及したCMOSカメラは数msや動画となる30msぐらいの比較的に短いシャッタ速度での撮影を想定している場合が多く、100msの撮影や200ms、ましてや秒や分単位になるとCMOSセンサからするとかなり長いシャッタ時間となり、ものによってはノイズだけで飽和してしまうレベルになってしまう。CCDより高速で動くCMOSセンサは、内部の動作クロックが速いため温度の上昇もし易いので、CCDセンサより短いシャッタ速度でも冷却の効果が分るだろう。

また電子増倍機能付きのセンサ（EM-CCD）では、冷却温度が下がるほどゲインの最大値が高くなる特質を持っている。

このように冷却カメラはダークノイズの低減だけではなく、データの安定性やゲイン倍率のアップなどの優位性を有するのだ。

ダーク処理前　　　　　　ダーク処理後
図3　ダークフレーム処理

おわりに

これらのように、冷却カメラは非冷却カメラに比べ様々な優位性があることが確認いただけただろう。しかしメリットだけではなく、これまで述べてきたようにデメリットも存在する。冷却カメラというものをご理解いただき、これから産業用にカメラを選定する際に役立てていただけたら幸いである。

【筆者紹介】
加須屋 正晴
ビットラン㈱　CCD事業部
〒361-0056　埼玉県行田市持田2213
TEL：048-554-7471　FAX：048-556-9591
E-mail：ccd@bitran.co.jp

エンベデッドビジョンシステム
Embedded Vision-A New Concept with New Applications
新たな概念で新たな用途を創造する エンベデッドビジョン

Basler AG
Thomas Rademacher

はじめに

電子機器の構成部品の小型化と低価格化が進むなか、ノートパソコンなどのように10年前の姿から大きく変わっている機器や、コンパクトさが重視されるプロジェクター、Wi-Fiルーター、MP3プレイヤーなどの機器において、明らかな影響が見られる。産業用の製品やシステムを製造しているメーカでは、小型の計算ユニットを特殊な補助的作業に使用したり、高度な大型システムに組み込んだりすることがますます簡単かつ手軽になっている。その結果、コンパクトで安いだけでなく、さまざまな新機能も備えた新世代の機器が登場するようになった。このような計算モジュールのことを一般的に「エンベデッド」と呼んでいる。そして、これにカメラが加わったものが「エンベデッドビジョン」である。エンベデッドビジョンはコンピュータービジョンの一種で、システムにカメラ機能を追加するだけでなく、撮影した画像を処理することもできる。エンベデッドビジョンを搭載した新型システムは、現在の産業用画像処理システムの主流であるマシンビジョンシステムよりもコンパクトでコストが低いだけでなく、画像の質や仕様に対する厳しい要件にも対応できる。

本稿では、エンベデッドビジョンシステムのさまざまな導入事例を技術的な観点から紹介する。

エンベデッドビジョンシステム

まずは、従来のマシンビジョンシステムから解説していく。マシンビジョンシステムとは、周辺の環境を撮影した後に、さまざまなアルゴリズムにもとづいて処理を行うことができるシステムのことで、画像を撮影するためのカメラとレンズ、カメラとコンピューターをつなぐためのケーブル、コンピューター本体（通常は産業用コンピューター（IPC））から構成されている。コンピューターでは、画像処理ソフトウェアを使用して実際の画像処理が行われる。

これまで、画像処理を行うためにはハイエンドなカメラとコンピューターが必要不可欠であったが、近年では技術の進歩に伴い、「エンベデッド」形式が採用されるようになってきた。エンベデッドビジョンシステムでは、計算ユニットとしてシングルボードコンピューター（SBC）、システムオンモジュール（SoM）またはカスタムメイドのプロセッシングボードを使用しており、たとえば、ハウジングのないカメラ（ボードレベルカメラ）を短いケーブルでSBC形式のプロセッシングボードに接続しているシステムなどがある。従来のマシンビジョンにおいてコンピューターが行っていた作業を、エンベビジョンデッ

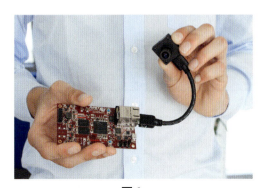

図1

ドビジョンではこのプロセッシングボードが行う。

エンベデッドビジョンシステムと一般的なマシンビジョンシステムの境界はあいまいなため、一概に区別することはできない。大型の機械やシステムにコンピューターを組み込み、高い精度で特定の検査を行う場合でも、理論上は「エンベデッド」形式であるといえる。また、SBCについても、画像処理だけでなく、入出力処理を行う汎用部品として機器に組み込むことが可能である。

下記に示すように、エンベデッドビジョンシステムとは、小型カメラ（ボードレベルカメラ）とプロセッシングボード（SBC、SoMなど）を組み合わせたものと定義するほうが良いだろう。

エンベデッドビジョンシステムの特徴

エンベデッドビジョンシステムの特徴を正確に把握し、従来のマシンビジョンシステムとの違いを明確にするため、4種類の画像処理システムを例に挙げて解説していく。

例1は、前述の一般的なマシンビジョンシステムを示したもので、IPCを使用して構築されている。このシステムの大きなメリットはその構造のシンプルさにあり、簡単に入手可能な汎用性の高い一般的な構成機器が幅広く揃っているほか、USB、GigE、USB3 Vision、GigE Visionなど、プラグアンドプレイ対応の一般的なインターフェースを通じて接続すること

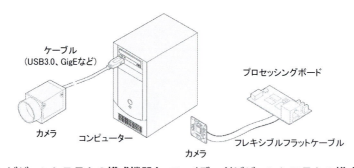

表2　マシンビジョンシステムの構成機器とエンベデッドビジョンシステムの構成機器の比較

表1

	例1： 一般的なマシンビジョンシステム	例2： エンベデッドビジョンシステム（SBC＋ボードレベルカメラ）	例3： コンパクトなエンベデッドビジョンシステム	例4： 専門性の高いエンベデッドビジョンシステム
構成機器	IPC（1000ユーロ） カメラ（500ユーロ） レンズ（250ユーロ） ケーブル（50ユーロ） OS（50ユーロ） ソフトウェアライセンス（150ユーロ）	産業用SBC（280ユーロ） USBケーブル（20ユーロ） USB対応のボードレベルカメラ（140ユーロ） レンズ（30ユーロ） OS（0ユーロ） ソフトウェア（150ユーロ）	キャリアボード付きSoM（200ユーロ） カメラモジュール（100ユーロ） フレキシブルフラットケーブル（5ユーロ） レンズ（30ユーロ） Linux OS（0ユーロ） オープンソースソフトウェア（0ユーロ）	個別のプロセッシングユニット（100ユーロ） カメラモジュー（75ユーロ） フレキシブルフラットケーブル（5ユーロ） レンズ（20ユーロ） Linux OS（0ユーロ） オープンソースソフトウェア（0ユーロ）
単価 （製造コスト）	約2,500ユーロ	約600ユーロ	約335ユーロ	約200ユーロ
一般的な 構成機器の割合	高い	中程度～高い	一部	低い
システムの開発 ・構築にかかる 労力	小さい：プラグアンドプレイ対応、ドライバー付属、アプリケーションの直接開発が可能	小さい～中程度：プラグアンドプレイ対応とすることも可能、ソフトウェア開発コストが増加する可能性あり	中程度～大きい：カメラとプロセッサーとの間の接続を確立（または調整）する必要あり、専用ソフトウェアの調整が必要、ハードウェアの開発が必要	大きい：カメラとプロセッサーとの間の接続を確立（または調整）する必要あり、特殊なソフトウェアの調整が必要、ハードウェアの開発が必要

ができる。OSについても、Windowsなどの一般的なOSが使用できるため、有料の画像処理ソフトウェアライブラリーなどを利用してソフトウェアを迅速かつ効率的に開発できる。合計コストは2000ユーロ前後である。

例2は、SBCを使用したビジョンシステムである。SBCは、USBや新しく登場したUSB 3.0に対応していることが多いため、一般的な構成機器を使用でき、産業用のものでも600ユーロ程度の非常に低いコストで構成機器を揃えることができる。通常、このようなシステムではOSとしてLinuxが使用されており、プラットフォームの種類にかかわらず使用可能なカメラソフトウェアを提供しているカメラメーカーが簡単に見つかるため、使い慣れた開発環境で作業を行うことができ、新たな知識を学ぶ必要もほとんどない。さらに、コンピューターシステムにあるような一般的なソフトウェアインターフェース（API）を使用すれば、アプリケーションコードの大部分を再利用することが可能である。

例3は、キャリアボード付きのSoMを搭載したシステムで、コストを抑えつつ、専門性の高い特殊な用途に使用できる。このシステムでは、MIPI CSI-2やLVDSに対応したインターフェース（下記を参照）に対応したボードレベルカメラを採用しているため、コストを335ユーロ程度に抑えられるが、システムの構築にかかるコストは高くなる。たとえば、ソフトウェアのインストールを行う際には通常、リモート接続が必要になるため、デスクトップコンピューターでアプリケーションを開発した後に、対象となるシステムに転送しなければならない。また、ドライバーや画像読み出しルーチンの調整にもコストがかかるため、ITに関する高い知識とリソースが必要になる。さらに、ハードウェアの開発や調整、特にキャリアボードの設計のためのコストもかかる。

例4は、計算ユニットを高いコストでフルカスタムするなど、開発要件の非常に高いシステムを示したものである。ただし、産業用途に耐えうる画質で複雑な画像処理を行うシステムとして、大量生産を想定し、ハードウェアにかかるコストを低く見積もっている。

例1から例4に向かうにつれ、使用されている一般的な構成機器の数が少なくなっている。また、不要なハードウェアが占める割合も少なくなるため、ハードウェアにかかるコストが低くなるが、その代わり、システムの構築にかかるコストは増加する。ここからは、この点についてさらに深く掘り下げていく。イメージセンサーを直接組み込む場合の詳細については、本稿ではなく、当社ウェブサイトに掲載のホワイトペーパー「エンベデッドビジョンシステム用カメラモジュール：自社開発 vs 既製品の購入　イメージセンサーを自社で取り付ける場合のメリットとデメリット」で紹介している。

エンベデッドビジョンの中のハードウェア：計算ユニット

エンベデッドビジョンシステムの計算ユニットには、最もシンプルなもので、例2にあるようにSBCを使用することができる。SBCはモジュールとして開発

図3　生産規模に応じたコストと最適な構成機器

されているため、従来のコンピューターよりもコストが低くなるものの、システム構築の手間はそれほど変わらない。また、多くの場合で、使い慣れたインターフェースやOSを使用できる。SBCは、一般消費者向けの製品で広く採用されているが、専門性の高い産業用途でも使用される場合がある。

一般的な構成機器を使用すれば、プロセッシングボードをフルカスタムで構築する場合よりもハードウェアの調整が少なくてすむ。特定の用途向けにフルカスタムした場合、ハードウェアに対するコストパフォーマンスを最大限まで向上させることができるが、開発にかかるコストは非常に高くなり、高度な知識も必要である。

必要となる計算機器がすべて含まれているSoMは使い勝手が良いため、一般的な製品で多く採用されている。SoMにはキャリアボードを接続する。キャリアボードは、条件に応じて独自の調整を加えられるため、インターフェース、センサー、電源の選択の幅が広がる。これらを組み合わせると、一つのエンベデッドプロセッシングボードとなる。この方法のメリットは、SoMを利用することにより、ハードウェア開発において最も複雑な部分を省略できるという点である。また、キャリアボードは、外部インターフェースとしてSoMの接続にのみ必要とされるものであるが、非常にシンプルな構造をしているため、フルカスタム設計と比べて開発が簡単で、コストも抑えられる。

各種プロセッサーを搭載した産業用SoM（正確にはシステムオンチップ（SoC））には実にさまざまなものがあり、x86アーキテクチャーやARMアーキテクチャーの多くのシステムに使用できる。用途に応じて自由にプログラムすることが可能なロジックセルを有するField Programmable Gate Array（FPGA）についても、普及が進んでいる。FPGAはステレオビジョン（3D）や認識用途において効率的に処理を行えるため、ビジョン用途に理想的なプロセッサーであるといえる。

メーカーでは、SoMを異なる接続方法に対応できるように設計しているため、性能の低いSoMを性能の高いものに交換する際などでも、キャリアボードに調整を加える必要ない。SoMは、少量生産のエンベデッドビジョンシステムの開発にも使用できる。フルカスタム設計の水準まで製造コストを抑えることは難しいが、従来の一般的なコンピューターシステムに比べると、SoMを使用した場合、コストは大幅に低くなる。

図4　さまざまなプロセッシングボード

鮮明な撮影を行うカメラ

現在市場に出回っているカメラモジュールの一部は、携帯電話や一般消費者向けの電子機器、自動車などに使用されているが、一般的に産業向けの画質を実現することはできない。なぜなら、これらのカメラモジュールは、撮影後にソフトウェアによって画像補正を行うことで、「人間の目で見て美しい」と思える画像を撮影することを目的としているからである。多くの場合、その画質はコンピュータービジョン用途には不十分である。コンピュータービジョン用途では、画像の中でも実際の情報を含んでいる部分を撮影することが重要になるが、一般消費者向けのカメラモジュールではそのような撮影を行えるだけの性能がなく、また、大量生産にしか対応していない。

多くの産業用カメラメーカでは、産業用カメラモジュールのほか、企業によってはエンベデッドシステム用の産業用センサーも提供している。産業用カメラモジュールはマシンビジョン用途で必要とされる画質と画像処理能力、さらには企業の開発サイクルにおいて必要とされる耐久性も有している。このような専門性の高いカメラモジュールは、1枚の基板で構成されており（ボードレベルカメラ）、レンズマウントが搭載されている場合もある。

産業用カメラモジュールのもう一つのメリットとして、特殊なトリガー機能（ソフトウェアトリガー、ハードウェアトリガー）、画像の出力形式、画像処理中にホストシステムにかかる計算負荷を大幅に軽減する内蔵式の前処理機能（デベイヤリング、ノイズ除去、固定パターンの除去など）を選べるなど、システムに組み込んで使用する場合に必要となる運用

性と制御性が高いという点が挙げられる。これとは対照的に、通常のシンプルなカメラモジュールだと、生のセンサーデータしか生成できないため、撮影後に画像を最適化したり、補正したりしなければならない。

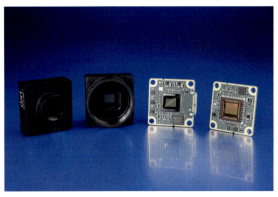

図5　エンベデッドビジョン用の一般的なボードレベルカメラ

エンベデッドビジョンによるソフトウェア開発コストの削減

エンベデッドビジョンシステムによってコストを削減する方法の一つとして、LinuxなどのOSやオープンソースの画像処理ライブラリーOpenCVなどにある無料ソフトウェア（オープンソースソフトウェア）を使用することが考えられる。これらの製品には、製造単価を引き上げる主な要因であるライセンス費用がかからない。ただし、有料で売られているソフトウェアの中にも、機能が制限されているものの、手頃な価格でエンベデッド用途に使用可能な製品は存在する。

エンベデッドビジョンシステムにおけるアプリケーションソフトウェアの開発は、従来のコンピューターシステムに比べると複雑で時間がかかり、コストも増大するため、多くのユーザーにとってシステムの構築コストの大部分を占める工程になっている。しかし、幸いなことに、今ではカメラとソフトウェア開発キット（SDK）をセットで提供するカメラメーカーが増えており、既存のソフトウェアにカメラを接続し、プログラムの大部分を新しいアプリケーションにそのまま流用できる場合もある。SDKは、耐久性の高いエンベデッドビジョンシステムを迅速かつ安価に製造するうえで大きな威力を発揮する。

多くのカメラSDKは、WindowsとLinuxの両方に対応しており、最新世代のものになると、一般的なコンピューターに多く搭載されているx86プロセッサーに使用できるほか、人気のARMベースのチップを搭載したアーキテクチャーにも対応している。ARMベースとx86ベースのどちらのアーキテクチャーでも使用できるSDKがあれば、Windows（x86）のプログラムコードをLinux（ARM）用に簡単に変換できるため、コストを大幅に削減することが可能である。このように、既存のコードを再利用できれば、コストを大きく抑えられる。

このほか、github.comやimaginghub.comといったオープン形式のウェブプラットフォームを通じてサポートを得たり、さらには開発用のテンプレートを利用できたりする場合もある。

カメラとシステムをつなぐインターフェース

従来のマシンビジョンシステムでは、一般的にUSB 3.0またはGigEを使用してカメラを接続する。これらのインターフェースのメリットは、USB3 Vision、GigE Visionといったカメラの設定や画像データの転送に関する一般的な規格に準拠しているという点で、（汎用性のある）ドライバーをインストールすれば、ソフトウェアとハードウェアの間で画像データをやり取りすることができる。USB 3.0とGigEは、エンベデッドビジョン分野での活用も期待されており、特

図6　カメラモジュールの接続に一般的に使用されているUSBケーブルとフレキシブルフラットケーブル

にUSB3 Visionの注目度は高いといえる。どちらのインターフェースも簡単接続が可能なプラグアンドプレイに対応しているが、小型化が難しく、データ転送中にプロセッサーに余分な負荷がかかるというデメリットがあるため、コストが増大する場合がある。

　フレキシブルフラットケーブルを使用すれば、基板同士をつなぐことにより、カメラモジュールとプロセッサーの接続を強化することができるため、ハードウェアやデータ転送におけるオーバーヘッドが減る。ただし、いくつかの面で標準化が十分ではないという欠点がある。

　たとえば、MIPIアライアンスが策定したMIPI CSI-2規格では、画像転送用の物理層やプロトコルについて基本的な定義を行っているが、ハードウェアの接続（統一されたプラグなど）など、ホスト側のドライバー接続やAPIに関する内容は仕様に掲載されていない。そのため、それぞれの構成機器をキャリアボードに個別に接続する必要がある。通常、SoCメーカではデータ転送用のドライバーを提供しているが、カメラ制御用のドライバーは、SoCやカメラ、イメージセンサーの種類によって異なり、汎用性のあるものがないため、システムごとにドライバーを開発しなければならない。

　カメラメーカがSoCやSoM用の制御ドライバーをリリースすれば、カメラの接続が簡単になる。また、すべてのカメラモデルの接続方法を統一すれば、別のカメラモデルに移行する際に新たな接続方法を導入する必要もなくなる。MIPI CSI-2規格は、一般消費者向けのモバイル機器用に策定されたものであるため、産業用カメラのすべての特性や機能に対応しているわけではないが、メーカによっては、これらの状況に対応するために技術サポートを提供している場合もある。MIPI CSI-2を利用して製品設計を行う際に、大きな支障となるのがケーブル長を約20cmまでしか伸ばせないことである。

　一方、LVDS（Low Voltage Differential Signaling）を使用したカメラであれば、数メートルのケーブル長にも対応できる。データ転送規格のLVDSは、FPGAと組み合わせることで特に威力を発揮する。LVDSには一般的なプラグや転送プロトコルがないため、LVDS対応カメラを簡単に接続できるかどうかは、オープンドキュメント形式の転送プロトコルがあるかどうかに大きく左右される。転送プロトコルがあれば、それぞれのFPGA搭載システム特有の読み出しルーチンの実装や調整が可能になる。開発キットなどを通じてFPGA用のIPコア（ロジックモジュール）や参考デザインを提供することも、カメラの接続をより簡単かつスムーズにする上で効果的である。

　ソフトウェアについては、上記のように決まったアプリケーションプログラミングインターフェース（API）を持つSDKがあれば、調整作業を簡単にすることができる。

　一部のメーカーでは、ソフトウェアを組み込むことによりプロセッシングボードとカメラモジュールをMIPIまたはLVDSで接続したシステムを一式で提供している。しかし、選べる構成機器が非常に限られているため、カスタマイズの幅が狭くなるほか、本当に適したソフトウェアを選ぶことが難しくなる。

エンベデッドビジョンシステムの用途

　サイズが小さい、消費電力が少ないなど、エンベデッドビジョンシステムにはいくつもの大きなメリットがあり、モバイルシステムなどに最適である。エンベデッドビジョンシステムのマシンビジョンシステムとの大きな違いをまとめると、以下のようになる。エンベデッドビジョンシステムは単価が非常に低いものの、一般的にシステムの構築にかかるコストが高いため、開発コストが増大する。そのため、プロセッシングボードメーカとカメラモジュールメーカでは、統一された規格を策定したり、汎用性のある接続方法を提供したりするなど、接続にかかるコストを抑えようと取り組んでいる。

　これらの取組みに加え、上記の構成機器が安く手に入るということもあり、エンベデッドビジョンシステムを新たに導入すれば、既存の製品や用途を低コストで実現できる。さらに、コンパクトで価格が低いことから、エンベデッドビジョンが登場するまでは不可能であった新たな用途も開拓されている。

　エンベデッドビジョンシステムを活用することにより、コンパクトで持ち運びが可能な新型の医療診断機器、高度道路交通システム（危険の検知）、スマートホーム用の小型製品、品質保証のためのスマー

58　産業用カメラの選び方・使い方

トモジュールやモバイルモジュールなど、今までカメラを使用することができなかった市場や用途へのカメラの普及が拡大している。

このように、エンベデッドビジョンシステムは、幅広い製品に使用することが可能である。

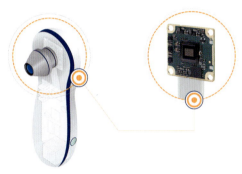

図7　幅広い製品に使用することが可能なエンベデッドビジョンシステム

おわりに

エンベデッドビジョンシステムの普及により、システムの構築コストや製造コストが抑えられるようになった。

ハードウェアの面についていうと、エンベデッドビジョンシステムは、手頃な値段の一般的なプロセッシングボードやモジュール（SoM）、フルカスタムの基板が使用できるという点で大きなメリットがある。これにより、単価は抑えられるが、開発コストやシステムの構築コストが増大するというデメリットがある。

これを解決するためには、ソフトウェア開発者向けにカメラインターフェースやプログラミングインターフェース用のドライバー（SDK）を提供する必要があるが、特にUSB 3.0などのプラグアンドプレイ対応のインターフェース用のドライバーや、より強固な接続が可能なMIPI CSI-2やLVDS対応のインターフェース用のドライバーがあると理想的である。一部のカメラメーカーでは、x86アーキテクチャー（Linux、Windows）とARMアーキテクチャー（Linux）向けに、最適なドライバーや統一されたプログラミングインターフェースがセットになったSDKパッケージを提供している。

今後数年以内に、ますます多くのエンベデッドビジョンシステムが市場に登場すると予想される。よりコンパクトかつ軽量で、構築も簡単なエンベデッドビジョンシステムが生まれることにより、従来のコンピューターシステムは淘汰されていくだろう。また、エンベデッドビジョンシステムにより、従来は固定式のシステムで行っていた作業でも、今後は場所を問わず行えるようになる。エンベデッドビジョンは、既存のビジョンシステムの価格を下げるだけでなく、今はまだカメラを活用することができない分野においても、新たな用途を開拓していくと見られる。

【問い合わせ先】

Basler Japan
〒105-0011　東京都港区芝公園3-4-30
　　　　　　32芝公園ビル404
TEL：03-6402-4350　FAX：03-6402-4351
E-mail：sales.japan@baslerweb.com
URL：https://www.baslerweb.com/Embedded-GL

【筆者紹介】

Thomas Rademacher
　Basler AG　工場・交通部門
　プロダクトマーケットマネージャー

光学式モーションキャプチャカメラ

Select by applications / Optical motion capture cameras
用途で選ぶ・光学式モーションキャプチャカメラ

㈱ナックイメージテクノロジー
増田 信一

はじめに

近年、光学式モーションキャプチャシステムを使った計測、解析が盛んである。その応用範囲は広く、ドローン、UGVなどの無人ロボット計測や、人体の筋力シミュレーションにまで発展している。

本稿では、産業分野における事例を元に、光学式モーションキャプチャカメラの選び方を紹介する。モーションキャプチャカメラは当社取扱製品 MAC3D Systemを例に示す。

モーションキャプチャシステムの種類とその特徴

モーションキャプチャシステムとは、被験者の動作を取り込み、デジタル的に記録するシステムであり、一般に光学式、機械式、慣性式がある。

機械式は身体に機械を装着し、その変位量からデータを得る。広範囲の動きのデータを取得できるが、拘束具により自然な動きのデータが得られないデメリットがある。慣性式は、安価に購入できるメリットがあるが、加速度より位置データを計算しているため、精度に問題がある。光学式は複数台カメラで計測対象物を捕らえる方法を指す。計測対象に反射型のマーカを貼り付け、その動きをカメラで撮影してマーカの三次元位置変位を計測する。光学式は、非接触でデータが得られることと、精度が高いことが評価され、現在最も普及している。唯一のデメリットは、計測対象がカメラの画角内から外れるとデータが消失するという問題である。

ちなみに、当社が取扱っているモーションキャプチャシステムは光学式である。システム名は「MAC3D System」。アメリカのMotion Analysis社が開発し、世界初のリアルタイム方式を実現した光学式のモーションキャプチャシステムである。

複数台のLEDリングライトの付いたカメラをネットワークで構築し、制御ソフト「Cortex7」によりリアルタイムで多点の三次元位置座標を計測可能である。カメラは、高精彩、高速度撮影を得意とする「Raptor（ラプター）」シリーズと、30～440万画素の多彩な機種がある小型カメラ「Kestrel（ケストレル）」シリーズがある。

カメラ名	画素	フル画素最大速度
Raptor-12HS	1200万	300fps
Raptor-E	130万	480fps

図1　Raptorシリーズ

屋外におけるドローン制御のカメラ

近年、モーションキャプチャを使った屋内におけ

光学式モーションキャプチャカメラ

カメラ名	画素	フル画素最大速度
Kestrel300	30万	810fps
Kestrel1300	130万	210fps
Kestrel2200	220万	300fps
Kestrel4200	420万	200fps

図2　Kestrelシリーズ

図4　MAC3D System屋外カメラ設置

るドローン飛行制御は、メディアなどでよく見かけるようになった。ドローンにマーカを付け、3次元位置をリアルタイムで取得し、機体を制御するものである。

図3　ドローン計測風景

しかし、これらは屋内での計測が多数を占める。実用的なシステムを目指すにあたり、屋外でのドローン計測は必須である。

現在、MAC3D Systemを計測機として活用し、インフラ点検システムの研究が検討され始めている。一例として、ドローンによる橋の点検システム開発における、モーションキャプチャの活用がある。

高精度かつ、高速なデータ取得が可能なモーションキャプチャシステムを使用し、より実作業環境に近い屋外のデータを得ることで、実践に近い制御アルゴリズムの検討材料となる。

さて、屋外ドローン計測におけるカメラの選び方は、以下のようなことに注目する。

- 屋外対応である
- 高速撮影が可能である
- 高精度である

MAC3D Systemにおいて、屋外対応かつ、高精度で高速度撮影が可能なカメラは、Raptor-12HSカメラに相当する。1200万画素カメラは、例えば1m×1m×1mの範囲をサブミリメーターの精度で計測可能である。

かつ、300Hzの高速度撮影が可能である。

なぜ、高速度で高精度な情報が必要かというと、ドローンの機体制御には、位置情報の他にも速度、加速度、角速度も重要になってくる。

精度に問題があると機体のブレによる加速度か、精度誤差による加速度かを判別しにくくなる。また、撮影速度が不足している、つまりサンプリング数が不足していると、機体を早く動かした際の速度、加速度データの信頼性が低くなる。

結果、標準偏差の大きいデータを使って、アルゴリズムを検討することになるリスクがある。

これらのことを考慮すると、当社は屋外対応した高

速度かつ、高精度カメラをおすすめしている。

パワーアシストスーツ開発のカメラ

近年、高齢化社会が慢性的な問題となってきている。そのような中、将来予想される介護者の不足という背景を受けて、介護者の身体的補助を目的としたパワーアシストという技術が登場し、パワーアシストに関する研究・開発が多くの大学や企業で行われ、注目されている。最近では特に企業における開発が盛んで、すでに実用化されているものも多い。

パワーアシストスーツの開発は、被験者の負荷を定量的に評価することが必須である。そのために被験者の負荷データを精度良く推定する必要がある。

精度の高いデータを得る為には光学式モーションキャプチャがかねてより使用されている。一度に計測できるマーカ点数や貼付位置の制限がないこと、また床反力計、筋電計と言った外部機器との同期計測が容易であることも特徴である。また、負荷推定には、統合データ（3次元位置データ、床反力、筋電）を当社が開発した筋骨格モデル動作解析ソフト「nMotion musculous」に搬入して計算する。

一例として、腰椎の負荷を軽減するパワーアシストスーツ開発でのMAC3D System使用事例を以下に示す。

評価フローは次のようになる。

まず、MAC3D Systemで、パワーアシストスーツ装着時と、未装着時の動作データを得る。

パワーアシストスーツ装着時と未装着時の推定計算データを比較して、負荷がどれだけ軽減したかを評価する。

さて、パワーアシストスーツ評価計測におけるカメラの選び方は、次のようなことに注目する。

- 広角レンズで広範囲撮影が可能である
- 外部機器との同期計測が容易である
- 誤差1mm程度である

統合データを得るために、床反力計や筋電計とい

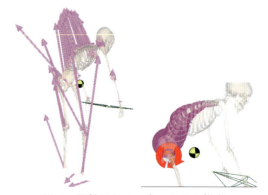

図6　腰椎にかかる力、トルク推定

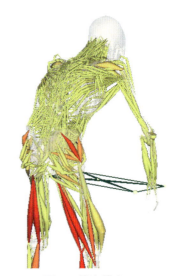

図7　筋力推定

図5　nMotion musculousで腰椎にかかる力、トルク、腰椎周りの筋力を推定計算する

った外部機器接続が必須となる。ちなみに、MAC3D Systemは国内外、多数の床反力計及び、筋電計に対応している。

広範囲計測については、MAC3D SystemのKestrel1300を例にとると、最大で水平75°以上、垂直63°以上の画角で撮影が可能である。通常、前かがみの動作やしゃがむ動作の撮影は、カメラ台数12台程度といわれている。

しかし、Kestrel1300は、画角が広いため通常より少ないカメラ数、8～10台で計測範囲をカバーできる。

精度ついては、130万画素以上の高精細カメラが必要であり、平均誤差1mm程度（1.5m×1.5m×2m）を実現できる。2mm以上の誤差となると、負荷推定計算の信頼性が問題になることがある。特に関節トルクを推定する際に、十数N-mのばらつきが出る場合がある。このリスクを少なくするためにも、計測誤差を少なくする必要がある。

おわりに

現在の産業分野において、モーションキャプチャが盛んに使われている事例を元に、カメラの選び方を紹介した。MAC3D Systemは世界で初めて屋外計測を可能にしたモーションキャプチャである。これにより計測の幅、研究開発の幅が広がっている。当社では、今後もこのような付加価値が高い特徴ある製品を世に送り出し、科学技術の発展に貢献していく所存である。

【筆者紹介】

増田 信一
㈱ナックイメージテクノロジー　営業技術グループ

高階調高感度カメラ
Compact 18bit Linear High Sensitivity Camera
小型高感度18bitリニア階調カメラ

㈱ビュープラス
芝田　勉

■ はじめに

　小型高感度でダイナミックレンジの広い18bitリニア階調カメラXviiiと専用録画ソフトウェアXViewについて紹介する。屋外などの照明が不均一な環境においても一枚の画像で広いダイナミックレンジをカバーできる。ダイナミックレンジを確保しようとする時、シャッタ値を変えながら複数の画像を連続でとり後で合成するHDR処理はよく使われる手法であるが複数画像をとる間は画像が変化しないことを前提としており変化すると正しい結果を得ることが難しい。本カメラでは画像の各画素が18bit値であり、HDR処理をしないで広ダイナミックレンジの画像が得られるため、変化のある対象にも対応でき、暗闇での監視、顕微鏡下での観測など様々な応用も期待できる。またリニア階調であることは画像処理を処理する場合、重要なポイントである。

■ イメージセンサーについて

　Xviiiで使用するイメージセンサーは2/3インチイメージサイズ、1.3MPix（1280×1024）である。比較的大きめの画素ピッチ7.1μmによって通常よりも感度を稼いでいる。この画素と高性能超低ノイズ多階調18bit ADコンバータと組み合わせることで超高感度を実現している。出力される18bitの上位8bitだけを見ると通常の感度のカメラと同様なデータである。これにさらにLSB側（下方向）に10bit拡張している。ゲインアップで高感度を実現するのでなく、ビットを増やしてADコンバータの分解能を上げることで高感度側を実現している。ダイナミックレンジが高感度側に拡張されている。通常の画像を撮影していても超高感度のADの分解能の画像が得られているのである。従来はこのような多諧調ADコンバータは実現が困難で、ゲイン設定が異なる複数のADコンバータを組み合わせるなど行われていた。CMOS半導体の進化によって、イメージセンサーではADコンバータは切り替えや継ぎ目がない１本のリニアな18bit ADコンバータが実現できている。リニアなADコンバータということは最小分解能が飽和直前まで使える。

■ カラーカメラとモノクロカメラ（図１）

　Xviiiには、カラーセンサータイプとモノクロセンサータイプが用意されている。カラーセンサータイプはIRカットフィルタを装備しバランスの良いカラー画像が得られるようになっている。高感度を生かした夜間監視や顕微鏡画像の観測などを想定している。一方モノクロセンサータイプでは、フィルタが

図1

ないので近赤外にも感度がある。近赤外も十分な感度がある（図2）。マルチバンド分光計測のように波長の透過帯域幅を小さくすると透過する光量が下がっていく。この場合でも超高感度が非常に有効である。通常では光量が下がりすぎるような非常に幅の狭いフィルタを使った計測であっても問題なく使用できるようになる。

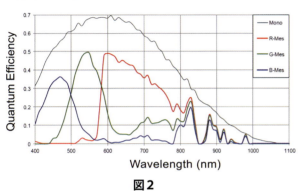

図2

さらにADコンバータのビット数が非常に多いので、透過照明での観察で対象物の透過率が低い場合でも直接光と透過光を同一画像として取り込むことが可能である（表1）。

表1

カメラの基本仕様	
型番	18G-01C-S（カラー）/18G-01M-S（白黒）
撮像素子	超高感度 CMOS 、ローリングシャッタ 2/3インチ（9.1mm x 7.2mm ）
最大解像度	1280 x 1024 1.3Mega Pixel
ピクセルサイズ	7.1 μ m x 7.1 μ m 正方格子形状
A/D コンバータ	18bit
感度	モノクロ 16V/Lux・s カラー 7V/Lux・s
読み出しノイズ（RMS）	<1.1e at 25 ℃
フレームレート	最大 29.93fps(1280 x 1024 x 18bit)/59.87fps(1280x512x18bit)
カメラインターフェース	SMA 同軸ケーブルによるデジタル伝送（1本にてデータ転送および給電）
カメラ制御機能	
シャッタースピード	0.512msec - 33ms（32μs 単位）
GPIO	GPO：ストロボ出力、レベル出力機能 GPI：外部トリガ入力、レベル入力機能
FAN	8 段階にて調整可能
カラー化処理	カメラライブラリにて処理可
機構・電気的な仕様	
レンズマウント	C マウント
寸法（WxHxD）	44 x 40 x 73.8
重量	200g
インターフェースカード・ケーブル	
PC インターフェース	PCIe カードまたは USB 3.0
ケーブル長	最大 15m
カメラ同期	同一インターフェースに接続の2台 自動同期

同軸一本を実現したカメラケーブル

直径3mmで長さ15mの同軸ケーブル1本に高速のデジタル画像データデータ、カメラの電源、カメラのコントロール信号そして同期信号まで多重化している。これによってPCカメラでありながら使い勝手はアナログカメラのような同軸1本を実現している。

従来、このような回路を小型化するのは困難であったが、スマートフォンの進歩を支える部品の進歩によってアナログ回路の飛躍的な小型化高性能化が実現できるようになった。

超小型筐体（図1、図3）

筐体にはファンがあるが、これはソフトウエアで回転速度をコントロールすることができる。完全に止めてしまっても動作上は問題ない。高感度センサーの温度を少しでも下げることでノイズ低減を狙ったものである。

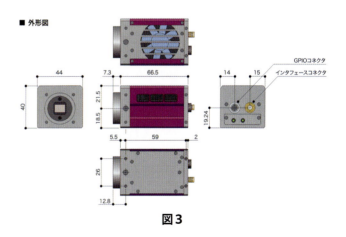

図3

複数カメラ同期と外部トリガー

カメラケーブルには同期信号も多重化されている。同一のインターフェースカードあるいはUSB変換ボックスに接続している2台のカメラは自動的にクロックレベルで同期する。カメラにはGPIOコネクタが設けられている。このコネクタにはアイソレーションされたトリガー入力信号、外部タイミング信号がそれぞれ2ch用意されている。ケーブルを接続すること

で外部トリガー動作も可能である。外部トリガー動作の場合は1枚のインターフェースカードにつきカメラ1台の構成となる。

カメラのセンサー動作に同期した出力を出すこができる。この信号を使ってLEDストロボなどのタイミングをとることが可能である。

PCと接続、SDK、制御ソフトウェア

PCとの接続には2種類の構成が用意されている。

デスクトップPCのように、PCIeスロットが用意されている場合は、PCIeハーフレングスのインターフェースカードを使用する。この場合、カメラ電源は、インターフェースボードのコネクタにPC内部電源からで接続する。PCから直接カメラケーブルが出ることになるのでPCの筐体とカメラだけというシンプルな構成になる。カメラは2台まで同一のインターフェースカードに接続でき、2台は自動的に同期する。

ノートPCのようにインターフェースカードが内蔵できない場合は、USB3.0変換ボックスの構成を使用する。この場合カメラ電源はUSB変換ボックスにACアダプタで供給する。USB3.0はスーパースピードまでサポートするのでカメラ2台で18bit30fpsの取り込みが可能である。さらにUSBは下位互換性があるので、スピードを除いてはUSB2.0としても動作する。ボードコンピュータやタブレットPCなどUSBのホストコントローラがついているものであればカメラの画像を扱うことが可能である。

いずれの場合もWindows7用の専用ドライバとライブラリおよび、サンプルコード(SDK)が付属する。

18bit階調の画像はPC上で扱い、PCモニタ上で画像を見る場合、モニタは8bit階調なので工夫を要する。Xviii対応録画ソフトウェアXViewはXviiiのカメラとしての制御、記録、adaptive gamma処理、18bitから8bitを切り出しての表示などの便利な機能を有する。ここで提示している画像もXViewを利用して得たものである。

18bit画像データの表示

Xviiiでは18bitの数値データが得られるが、PCで画像表示しようとするとRGB各8bit程度にダイナミックレンジを圧縮する必要がある。この圧縮方法の例について説明する。

図4～図6は、トンネルの出口付近にて車の中から撮影した画像で、全て同一の画像データから作成したものである。

図4

図5

図6

第4図は、18bitデータの中から高い階調の一部分（$2^9 \sim 2^{16}$）だけを切り出して作成したものである。トンネルの外は観測できるが、トンネル内や車内は完全に黒潰れして観測できない。ただ、黒潰れの箇所も実際にはデータが存在している。

図5は、低い階調の一部分（$2^4 \sim 2^{11}$）を切出して作成したものである。車内は観測できるが、逆に高い階調は切り捨てているので、トンネルの外は完全に白く飛んでしまって観測できない。

図6は、18bitの全データを使用して作成したHDR画像（VPアダプティブガンマ）である。低い階調のデータほど持上げて、高い階調のデータほどそのまま使用している。この画像だと、車内もトンネルの外も同時に観測できる。

このように、18bitの全データを効果的に圧縮表示することも可能である。

18bit画像データと画像処理

階調の多さの差は、画像処理を施した時に、結果に顕著に表れる。最終的に8bitデータとする場合でも、元画像の階調数が大きく影響する。例えば、「レベル補正」、「トーンカーブ」などの画像処理を行った場合、元画像データの階調数が少ないと、トーンジャンプと言われる階調の飛びが発生しやすい。これは、ヒストグラムにすると歯抜けとなっている状態で、グラデーション部分で段差が目立つようになる。このように、階調数が少ないデータだと、大きな画像処理を施しづらい。逆に、18bitデータのように階調数が多ければ、大きな画像処理を施しても、破綻することが起こりづらい。

また、18ビットリニア階調データなので明るいところも暗いところも同じアルゴリズムにて処理できるので、広ダイナミックレンジのステレオビジョンなど、特に四則演算を伴う画像処理に効果的に応用できると考えている。

データ取得システム構成例

PCIeインターフェースカードを使用した例（図7）

カード1枚で2台までのXviiiを接続可能である。PCには複数のSSDを内蔵しリアルタイムで18bitデータ

図7

を記録可能である。

USBBOXを使用した例（図8）

BOX1個で2台までのXviiiを接続可能である。BOXおよびカメラにはACアダプタで電源が供給される。シガーソケットからのインバータ駆動が可能である。

図8

応用と実際の撮影データ

夜間撮影例（図9）

新月の夜2km先の漁港を、f＝500mm/F6.3ミラー望遠レンズで撮影した。街灯の周りの明るい部分も海上の船もPCモニタで観察可能できていることがわかる。

近赤外透過光撮影例（図10）

830nm LED透過照明で、カメラに狭帯域バンドパスフィルタを装着し、蛍光灯下にて撮影した。手のひらの透過照明像である。4フレーム移動平均処理を施

図9

図11

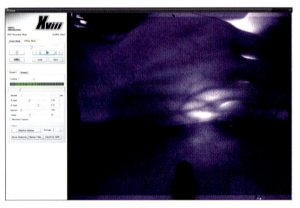

図10

した。

車載で車内車外の同時撮影例（図11）

　2台同期撮影である。フィッシュアイと通常レンズとの組み合わせにて、夜間の車内車外の同時撮影を行った。この例では、焦点距離の異なるレンズを組み合わせているが、ステレオ撮影にも使用可能である。2台のカメラは接続すると自動的にクロックレベルで同期するようになっている。

おわりに

　ViewPLUSの小型高感度18bitリニア階調カメラXviiiは、通常の明るさから光の粒子性、フォトン数を意識しないといけないレベルの微小光までを同一画面内で同時に取得できる。これまでは、冷却などの特殊な設備を必要としていたレベルの高感度画像を手軽に扱えるようになった。新しい画像処理の時代が到来したと考える。そこでは、今まで以上にシンプルに「なにをするか」「なにができるか」が問われるだろう。

　我々は、そのような期待に応えられるカメラシステムを提供していきたい。

【筆者紹介】

芝田　勉
㈱ビュープラス　営業技術部
〒102-0083　東京都千代田区麹町1-8-1
半蔵門MKビル4F
TEL：03-3514-2772　FAX：03-3514-2773
Email：vpcontact@viewplus.co.jp

Gz1804-16

産業用カメラの選び方・使い方
マシンビジョン・理化学研究・製品開発 etc ～
カメラの基本から特殊用途カメラまで

アプリケーションベースのアプローチによる
カメラ単体での画像処理
Image processing on single piece of camera via application-based approach
エンベデッドビジョンシステム IDS NXT vegas

IDS Imaging Development Systems GmbH
Heiko Seitz

はじめに

近年、アプリケーションはスマートフォンを様々な機能をこなすために賢くアシストしてきたが、画像処理の分野でも同様に、より使いやすくよりシンプルに処理を実行することを可能にしている。様々なアプリケーションを効果的に使用することによって、カメラとセンサーをカスタマイズされたビジョンセンサーにすることが可能になる。

一般的なビジョンアプリケーションでは、カメラで撮影した画像は目的を達成する為の手段でしかない。評価の為に膨大な量の画像データをカメラからPCへ転送することは出来るが、用途に即した情報を抽出するには、継続的な画像処理が必要である。それに対し、"スマート"なデバイスは自身の状況や周辺環境の特徴を判断し、関連のあるデータだけをPCや処理制御装置に送ることが出来る。例えば、バーコードリーダーなどの従来のビジョンセンサーはいくつかの定義されたタスクのみをこなすものであり、ビジョンセンサー自体の機能性の拡張は難しいものであった。最近では多くの市場がIoTを視野に入れており、多才で自律的な画像処理装置への関心が広がっていることがわかる。

本稿では、カメラ単体での画像処理を可能にするアプリケーションベースのアプローチと、それを実現するIDS NXT vegasセンサーを紹介する。

新しいデバイスの時代

IDS NXTは次世代のビジョンアプリケーションに基づいたカメラとセンサーである。NXTはカメラのみで自律的に画像処理を完了させて結果を出力することができ、他のアプリケーションで処理を行いたい場合は前処理済みの画像データをPCに送ることも可能である。アプリケーションを使うアプローチによって、ビジョンタスクを素早く簡単に設定することができ、異なる用途のために複数のビジョンセンサーを保持しておく必要も無くなる。

NXT vegasセンサーはこのIDS NXTデバイスファミリーにおける最初の製品である。NXT vegasセンサーは、発生したイベントをGPIO経由で自動的に通知することができ、ポーリングでの監視やコマンドを送付するといった処理をする必要は無い。カメラとして一般的なインターフェースを備えているため、画像データの送信や制御用データの送受信にはそちらのインターフェースを使用してコミュニケーションをとる。

RS-232 インターフェースは、個々の要件に沿って構成することが可能で、アプリケーションがどのデータが転送されたかを判断し、そのデータをどのように解釈するかを決めることができるため、様々な制御装置とRS-232を介してコミュニケーションを取ることができる。利用可能なゲートウェイを使用することにより、CAN-Bus、Modbus-RTU、Profibus、KNX、PROFINETなどのプロトコルと相互にシステムを組むことも可能にする。

RESTful (Representational State Transfer) なウェブサービスは、アプリケーションを含むすべてのデバイスパラメータをやりとりするためのTCP/IP通信を提供しており、HTTPプロトコルとSSLを使用す

産業用カメラの選び方・使い方 69

るよりセキュアなHTTPS を通して、GET、POST、PUT、PATCHなどの標準リクエストメソッドで動作する。RESTインフラが広く浸透したことにより、このセンサーデバイスはプラットフォームに依存せず、幅広い用途に応用することが可能である。

図1　エンベデッドビジョンシステム IDS NXT vegas
IP65対応ハウジングまたはボードレベルを選択可能である。

アプリケーションベースのシステムはIDS NXT vegasをスマートフォンと同じように多才にすることができる。一体化された液体レンズやLED照明、距離測定用のToF（Time of Flight）センサーを用いることで、様々な画像処理作業に備えている。IDS NXT vegasは、標準的な産業用カメラでも、専門化したスマートカメラでも、従来のビジョンセンサーにも分類することができない製品であり、高度な汎用性を必要とする用途に最適なカメラとセンサーである。

また、OEM装置メーカーにはボードレベルの選択肢も提供する。一つの完全なエンベデッドビジョンコンポーネントとして、ハードウェア、ソフトウェアをまとめて装置に組み込むことが可能である。

アプリケーションベースの画像処理

IDS NXT センサーシリーズのユニークな点は、新しい機能をスマートフォンのアプリケーションのように簡単にインストールできることである。基本となるのはプラグイン化することが可能なデバイスのファームウェアである。また、既存のタスクに加え、アプリケーション開発キットを使って様々なタスクを作成することもできる。

より複雑なタスクはいくつかのアプリケーションに分けることができる。ビジョンアプリケーションは主に画像処理を担当し、デバイス間通信とデータ転送は別のアプリケーションで対応するといった構成も可能であろう。アプリケーションの入力と出力はお互いに接続されているので、再利用可能なコンポーネントとしてアプリケーションを作成し、それらを組み合わせてモジュールシステムを構築することが可能となる。

ビジョンアプリケーションはC++で柔軟にプログラミングすることができ、IDS NXTライブラリが様々な役に立つ機能を提供するので、アプリケーション開発者は本来のタスクである画像処理に集中することができる。ファームウェアはプリインストールされたHALCONの組み込みライセンスと共に提供される。HALCONでの画像処理はC++インターフェースまたはHDevEngineを使用した完全なスクリプトを通して行われる。HDevEngineを使用する場合はプラットフォームに依存しないため、例えばPC上でHALCON開発環境（HDevelop）を使用してビジョンアプリケーションを作成、検証した後にIDS NXTに搭載するといったことが可能になる。わずか数ステップでHALCONスクリプトから完全なアプリケーションベースの画像処理ソリューションへの移行が可能である。既製のビジョンアプリケーションはIDS NXT Cockpitを通してインストールされ有効化される。開発段階では、作

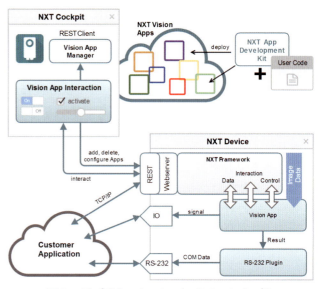

図2　アプリケーションベースのコンセプト
IDS NXT カメラ・センサーは様々な用途に簡単に応用することができる。

成したビジョンアプリケーションのリモートデバッグも可能である。オプションとして、SSL通信で使用する公開鍵と秘密鍵をビジョンアプリケーションに組み込むことで、アプリケーションの不正使用を防ぐことができる。

　IDS NXT Vision Appライブラリが提供するインタラクション要素が、画像処理と外の世界を結びつける。特別なC++クラスがアクション、各種パラメータ、処理結果やデータソースを提供する。また、様々な機能に紐付けられたコールバック関数に加え、RESTful なウェブサービスがインタラクションインターフェースを提供する。これにより、RESTクライアントは、新規に追加されたアプリケーションであったとしても、その詳細を取得し設定変更などを行うことができる。

　更に、IDS NXT Cockpitは各アプリケーションのGUI (Graphical User Interface) を動的に生成し、ユニバーサルなコンフィグレーションツールとしても使用可能である。従って、用途に合わせてクライアントアプリケーションを作成する必要は無くなる。

■ おわりに

　IDS Imaging Development Systems GmbHはIDS NXT vegasで、画像処理タスクを自律的にこなし、前処理されたデータを使うPCアプリケーションもサポートできる、次世代のデバイスを創った。しかし、自由にプログラミング可能なプラットフォームは特定のタスクに限られているわけではない。様々なビジョンアプリケーションをインストールできることは、数々な分野での応用の可能性を広げている。例として光学的な品質保証に関する分野では、医療技術における分析装置や顔認証を用いたモニタリング、自動車や人の交通量調査タスクなどが挙げられる。

　HTTPベースのRESTfulな ウェブサービスによって、Industry4.0につながる産業用PLC環境にも使用することも可能であり、また、様々なRS-232ゲートウェイを使うことでより多くのコミュニケーションパートナーを見つけることもできる。

　IDS NXTのコンセプトを基にした多才で自律的に動作するデバイスによって、IDSはデジタル画像処理に向けたソリューションも提供していく。

　YOU DECIDE WHAT'S NXT

【問い合わせ先】

アイ・ディー・エス㈱
〒140-0001　東京都品川区北品川1-1-16
第2小池ビル7階
TEL：03 6433 0777
E-mail：apacsales@ids-imaging.com

【筆者紹介】

Heiko Seitz
　IDS Imaging Development Systems GmbH
　Technical Writer

工業用8Kカメラを開発、目視検査効率の向上をめざす

Developed industrial 8K camera for efficient visual inspection

アストロデザイン㈱
金村 達宣

はじめに

現在、社会のさまざまな産業分野において、多くの産業用カメラが活躍しており、その用途は、計測、検査、監視、観察、研究開発など、多岐に渡っている。

産業用カメラというと、CameraLinkやUSB3.0などのインターフェース経由で取り込んだ映像データをPCで現像、解析、というシステムが一般的である。最近ではCoaXPressのような高速インターフェースも登場し、今まで以上に緻密なデータが高速で処理できるようになっている。

一方、技術革新が進み、部品や製品の集積度や構造の複雑さが飛躍的に向上する中、上記のような従来型の産業用カメラシステムでは十分に対応できないケースが出てきている。

さて、当社では、8K関連製品の開発に携わるようになって15年以上が経過し、その間さまざまな製品を世に送り出してきた。

8Kとは水平解像度8000画素（正確には7680画素）を意味するが、これを人の視力に換算すると4.3相当と言われている。つまり、通常は人の目で視認することのできない対象物を、8Kカメラを使うことで見ることができる、というわけである。

このような状況を踏まえて、当社ではこのたび工業用8Kカメラを開発したので、その内容について紹介する。

背景

MEMSに代表されるように、部品の集積度向上や微細加工技術の発展により、各種デバイスのサイズが急速に小さくなり、IoTのセンサーデバイスやスマホといった精密電子機器の小型化に大きく寄与している。一方で、開発や生産の現場では、デバイスのあまりの小ささに人間の視力が追いつかなくなってしまい、実装や調整、検査といった工程の作業効率に支障をきたしている、というような事例も報告されているようで、高い分解能での確認環境が求められるケースが増えている。

そこで、当社では従来培ってきた超高解像度映像技術を活用してこのような産業分野にも参入できるのではないかと考え、8K解像度を有する工業用カメラを開発した。

特長

産業用カメラには、小型化が求められる。8Kとはいえ、システムが巨大なものでは現場で採用するこ

図1　8Kカメラ、レコーダ、モニター

とができない。

　当社の工業用8Kカメラは、従来の放送用8Kカメラをベースに、サイズを約半分に小型化した。さらに筐体を二つに分離することで、さまざまな現場に、より柔軟に対応できるよう工夫した。

図2　工業用8Kカメラ

撮像部

　撮像素子は、スーパー35mm相当の3300万画素CMOSイメージセンサー。また、レンズマウントはマイクロフォーサーズを採用。アダプタによるマウント変更で他のマウントにも対応できるので、さまざまなレンズを利用することができる。

図3　レンズマウント部

今後の課題

　8K映像表示に加えて、データ収録や管理といった要求に応えるべく、記録装置や専用メディアの開発を進めていく予定である。

おわりに

　今回紹介した工業用8Kカメラは、工業用とはいえ人の目によるもの、つまりヒューマンビジョンである。今後はコンピュータビジョンの世界にも幅を広げていきたいと思う。つまり、大量の8K映像データを蓄積できる環境を整備し、AIや深層学習といった新しい技術との組み合わせで、パターン認識、自動識別、画像推定など新しいアプリケーションの世界を開拓し、付加価値をさらに追求していきたいと考える。

【筆者紹介】

金村 達宣
アストロデザイン㈱　企画部　部長
〒145-0066　東京都大田区南雪谷1-5-2
TEL：03-5734-6100　FAX：06-5734-6101
E-mail：kanemura@astrodesign.co.jp

近赤外線カメラとソリューション
Near infrared camera and solution

㈱アートレイ
小森 活美

はじめに

　可視光領域ではない赤外線領域に感度を持つカメラでは、人間の目や一般的なCCDカメラ、CMOSカメラでは撮影が困難なものを可視化することができるのである。当社ではこのようなニーズに応えるべく、近赤外線領域に高い感度を有するInGaAsイメージセンサを採用したARTCAM-TNIRシリーズおよび、CMOSブラックシリコンを採用したARTCAM-130XQE-WOM、ARTCAM-092XQE-WOMシリーズを開発、販売を行っている。

USB　InGaAs近赤外線カメラ ARTCAM-TNIRシリーズの特長

　ARTCAM-032TNIR／ARTCAM-009TNIR（図1）およびARTCAM-0016TNIR（図2）は、900〜1700nmの近赤外線領域に高い感度を有するInGaAsセンサを採用している。

　ARTCAM-032TNIR／ARTCAM-009TNIRおよびARTCAM-0016TNIRの分光感度特性は図3、図4の通りである。

図1

図2

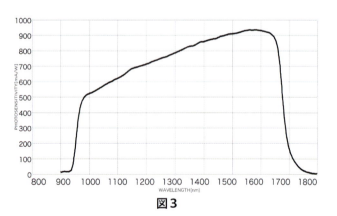

図3

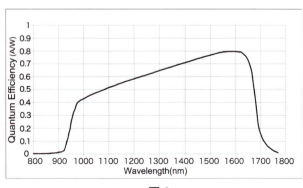

図4

近赤外線カメラとソリューション

　ARTCAM-032TNIRの解像度はInGaAsセンサとしては高解像度の640×512画素で、62フレーム/秒で画像を出力できる。ARTCAM-009TNIRの解像度は320×256画素であるが、228フレーム/秒と高速での画像出力が可能である。ARTCAM-0016TNIRでは128×128画素のInGaAsセンサを採用しており、258fpsの高フレームレートを実現している。インターフェースにはPCとの親和性の高いUSB3.0（ARTCAM-032TNIR、ARTCAM-009TNIR）を採用している。VBSビデオ出力を標準実装しておりオプションにてカメラリンク出力も可能である。ARTCAM-0016TNIRはInGaAsカメラとしては非常にローコストな価格とし、従来のモデルでは採用が難しかった用途でも採用していただけると考えられる。

　新製品のラインセンサInGaAsカメラにはARTCAM-L512TNIR（512画素）、ARTCAM-L256TNIR（256画素）、があり、1024画素のARTCAM-L1024DTNIR、ARTCAM-L1024DBTNIRがラインアップされる（図5）。

図5

図6

　波長域を2350nmまで伸ばしたARTCAM-008SWIR（図6）は解像度320×256画素でインターフェースはUSB2.0で接続され、分光感度特性は図7のとおりである。

　標準で専用のビューワソフトを付属、容易に近赤外線画像を取得することが可能である。レンズマウントには産業用カメラでは標準的なCマウントを採用している。

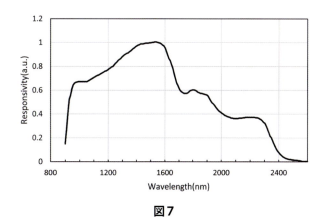

図7

InGaAsカメラ用ビューワソフト

　標準で付属する専用ビューワソフトでは、画質改善機能のほか、ゲイン設定、露光時間設定、ソフトウェアによる画像調整機能がある。また、簡易的な2次元計測機能および静止画、動画保存機能により、計測、検査のニーズにも対応できる。

主なアプリケーション

　近赤外線では、その波長によりシリコンを透過する特性を持ち、シリコンウェハの内部検査などの用途が可能である。また、水は赤外線を吸収する特性があり、このことから物体の水分の有無を観察する際に有利である。天体観測や、超長距離望遠レンズを用いた撮影では、近赤外線領域では可視光に比べ、空気の揺らぎなどの影響を受けにくい特長がある。光学フィルタ（干渉フィルタ、バンドパスフィルタ）などを用いることで、特定の波長域のみの画像を取得することも可能である。これらの特長から、おもなアプリケー

ションとして以下が挙げられる。

- 太陽電池の検査
- シリコンウェハの検査
- レーザービームの位置合わせ
- プラスチック内部の検査
- 水分や水蒸気の検出
- 天体観測
- 果実の選別

撮影例1～5（図8～12）のような画像の取得が可能である。

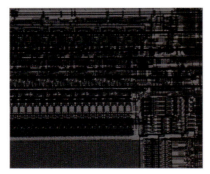

図8　撮影例1　シリコンウェハ

図9　撮影例2　プラスチック容器内の水

図10　撮影例3　人間の手のひら

図11　撮影例4　リンゴ打痕

図12　撮影例5　コーヒー豆と異物

InGaAsカメラの主な仕様

ARTCAM-032TNIR ／ 009TNIR ／ 0016TNIRの主な仕様は表1のとおりである。

USB2.0　CMOS近赤外線カメラ ARTCAM-130XQE-WOM、 ARTCAM-092XQE-WOMの特長

ARTCAM-130XQE-WOM、ARTCAM-092XQE-WOM（図13）は、ブラックシリコンCMOSセンサを採用した近赤外線カメラである。400～1200nmと可視光から近赤外線に感度があり、分光感度特性は図14のとおりである。ARTCAM-130XQE-WOMの解像度は1280×1024で、フレームレートは28.5fpsである。イメージサイズ1インチで感度は40V/Lux-secと高感度であり、ソーラーパネル等のEL発光の観察に使用可能である（図15）。

近赤外線カメラとソリューション

表1　ARTCAM-032TNIR／009TNIR／0016TNIR　仕様

	ARTCAM-032TNIR	ARTCAM-009TNIR	ARTCAM-0016TNIR
撮像素子	InGaAsイメージセンサ		
有効画素数	640（H）×512（V）	320（H）×256（V）	128（H）×128（V）
撮像面積	12.8（H）×10.24（V）mm	6.4（H）×5.2（V）mm	2.56（H）×2.56（V）mm
走査方式	プログレッシブスキャン		
画素サイズ	20（H）×20（V）μm	20（H）×20（V）μm	20（H）×20（V）μm
検知周波数帯	900～1700nm		950～1700nm
フレームレート	62fps	228fps	258fps
電子シャッタ	1/1000000～1秒	1/1000000～1秒	1/1000000～13.107m秒
A/D分解能	14bit	14bit	
インターフェイス	USB2.0　バルク転送		
同期方式	内部同期		
レンズマウント	Cマウント		
電源電圧	DC12V		
消費電力	20W以下		
周囲条件	動作温度／湿度：0～35℃／10～80％（但し結露なきこと）		
外形寸法	71.6（W）×61.5（H）×67（D）mm ※レンズ、三脚板、突起部含まず	71.6（W）×61.5（H）×67（D）mm ※レンズ、三脚板、突起部含まず	71.6（W）×61.5（H）×61.5（D）mm ※レンズ、三脚板、突起部含まず
質量	約270g ※レンズ、三脚板、ケーブル含まず	約270g ※レンズ、三脚板、ケーブル含まず	約250g ※レンズ、三脚板、ケーブル含まず

図13

図15

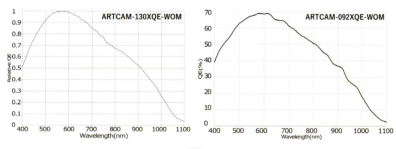

図14

産業用カメラの選び方・使い方　77

映像出力のインターフェイスにはPCとの親和性の高いUSB2.0を採用している。ARTCAM-092XQE-WOMは1/2インチサイズ、解像度1280×720、感度は14.99V/Lux-secとなっている。ビューワソフトが付属し、容易に近赤外線画像を取得することが可能である。レンズマウントには産業用カメラでは標準的なCマウントを採用している。

表2　ARTCAM-130XQE-WOM ／ ARTCAM-092XQE-WOM仕様

	ARTCAM-130XQE-WOM	ARTCAM-092XQE-WOM
撮像素子	CMOS イメージセンサ	
出力画素数	1280 (H) × 1024 (V)	1280 (H) × 720 (V)
撮像面積	12.8 (H) × 10.2 (V) mm 1型	7.17 (H) × 4.03 (V) mm 1/2型
走査方式	プログレッシブスキャン	
画素サイズ	10 (H) × 10 (V) μm	5.6 (H) × 5.6 (V) μm
シャッタ方式	ローリングシャッタ	
フレームレート	28.5fps	40fps
電子シャッタ	1/31847〜1.029s	1/33898〜0.967s
インターフェイス	USB2.0 バルク転送	
同期方法	内部同期	

CMOS近赤外線カメラの主な仕様

ARTCAM-130XQE-WOM ／ ARTCAM-092XQE-WOMの主な仕様は表2のとおりである。

おわりに

当社ではあらゆる波長域に対応するべく、可視光カメラのほか、近赤外線カメラ、紫外線カメラ、赤外線サーモグラフィ等を製品化してきた。今後も非破壊検査などのニーズに対応する製品を、ユーザが利用しやすいインターフェースで開発、製品化していく所存である。

【筆者紹介】

小森 活美
㈱アートレイ　代表取締役

偏光ラインスキャンカメラのメリット

The Advantages of the Industry's First Line Scan Polarization Camera

㈱エーディーエステック

前嶋 素生

はじめに

Teledyne DALSA社より、初の偏光ラインスキャンカメラがリリースされた。エリアスキャン型の偏光カメラとの違いやメリットについて述べる。

偏光カメラ

偏光カメラを使用することで、複屈折、応力、表面粗さ等の物性を検出することが可能である。

光には、強度(明るさ)、波長(色)、偏光の三つの情報が含まれている。現在の産業用カメラはモノクロまたはカラーカメラが大半を占めるが、モノクロカメラは広い波長域に対して光の強度の情報を、カラーカメラやマルチスペクトルカメラは赤・緑・青・近赤外等の波長帯毎の光の強度の情報を取得しているといえる。ワーク(被写体)がもつ偏光成分毎の光の強度を取得できるのが偏光カメラである。

既にマシンビジョン用途で偏光フィルターは良く用いられている。しかし、複数の偏光成分を同時に取得できるラインスキャン型の偏光カメラは初である。

偏光画像には様々なメリットがある。ワークの形状や表面状態だけではなく、モノクロやカラー画像では可視化困難な物性を測定・検出可能な点だ。偏光カメラを用いることで、物性の差からコントラストを得て、それらを識別することが可能となる。

偏光フィルター手法

肉眼同様、シリコン単体では偏光を識別できない。そのため、イメージセンサーの前面に偏光フィルターが必要となる。イメージセンサーは、各偏光方向を通すフィルターを通して、それぞれの光の強度を測定する。

次の三つの区分が、偏光フィルターの種類としては一般的である。時分割、振幅分割、焦点面分割の三つである（表1）。

時分割の手法では、液晶や偏光子、光弾性変調器といった偏光素子を回転・変調させながら時系列デ

表1　偏光フィルター手法の比較

	時分割	振幅分割	焦点面分割
原理	偏光素子を回転・変調させながら時系列データを取得する	入射光は異なる光路に分割され、それぞれ独立したセンサーによりデータを取得	各偏光方向のマイクロ偏光フィルターが画素単位で配置される
速度	偏光素子により制限される	制限無し	制限無し
堅牢性	△	△	○
コスト	高	高	低

ータを取得する。欠点としては、変調を行うためにスピードが制限される点が挙げられる。今日のアプリケーションでは、100kHz程度のラインレートを必要とされることが多いため、この点がネックとなる。また、複雑な設計を要するためコスト高になり易い。

振幅分割の手法では、入射光は異なる光路に分割され、各光路には独立したセンサーが配置される。正確な位置決めをするためにプリズムが用いられることが多いが、このプリズムを搭載するためにカメラのハウジングサイズは大型化しがちだ。

焦点面分割の手法では、焦点面に微小偏光アレイが配置され、各偏光状態を取得できるようになっている。コンパクト・低コスト・堅牢なカメラ設計が可能となる。しかし、エリアセンサの場合、各画素は単一の偏光方向の成分のみしか取得できないため、空間分解能上不利となる。周辺画素の偏光成分を用いて補完アルゴリズムが用いられるが、データ精度は損なわれる。

ラインスキャンカメラにマイクロ偏光フィルターを用いることで、上記で述べたような欠点を克服できる。ラインスキャンの場合、複数のアレイ（ライン）に異なる偏光方向のフィルターが配置される。ライン間の僅かな間隔はラインディレイ機能により補正され、全ラインは正確に同一箇所を撮像する。ラインスキャン型の偏光カメラの主たるメリットは、複数の偏光方向を同一画素で撮像したように捉えられる点である。これは、各偏向方向を持つ4ラインを搬送に同期することで可能となる。エリアセンサの場合に行うような周辺画素との補完アルゴリズムは不要だ。

センサー構造

Teledyne DALSA社のPiranha4 Polarization（ピラニア4ポラライゼーション）は、4ラインCMOSセンサ（図1）を搭載している。シリコン（Si）表面に140nmピッチ、70nm幅のナノワイヤ・マイクロ偏光フィルターが配置されている。最初の3列のアレイにそれぞれ0°（S）、135°、90°(P)の偏光方向を持つ偏光フィルターが設けられており、フィルターを通した光の強度がフィルターの下のアレイに記録される。4列目のアレイにはフィルターがなく、通常のモノ

クロ画像を取得する。アレイ間に設けられた僅かな間隔にはクロストークを減ずる目的がある。

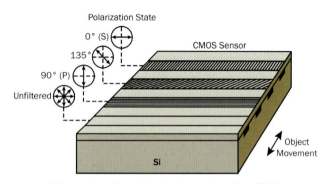

図1　Piranha4 Polarizationのセンサー構造

光は電磁波である。電場、磁場、伝播方向はそれぞれ互いに直交しており、偏光方向は、電場の向きと捉えることができる。ナノワイヤに対して垂直方向に電場が振動する光はフィルターを通過するが、平行方向に電場が振動する光は弾かれる。ラインスキャンカメラを搬送方向に設置し反射設定の場合、偏光方向0°のチャンネルはS偏光（入射面に垂直な偏光）を取得し、90°のチャンネルはP偏光（入射面に並行な偏光）を取得する。

マイクロ偏光フィルターを用いた偏光カメラにおいて、エリアスキャン型とラインスキャン型との大きな違いは、単一画素で取得できる偏光成分の数にある。エリアスキャン型の場合、一般に0°、45°、90°、

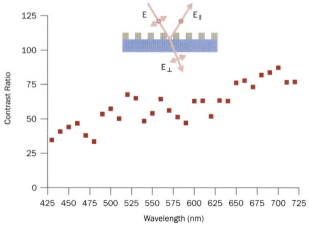

図2　マイクロ偏光フィルターのコントラスト比

偏光ラインスキャンカメラのメリット

135°の偏光フィルターが隣接4画素に配置されたスーパーピクセルのかたちが用いられる。画素毎に他の三つの偏光成分を計算するために隣接画素の偏光成分を用いた補完アルゴリズムが使用されるが、この過程によりデータ精度を損なう。一方、ラインスキャン型の場合、各偏光成分は100%サンプリングであり、各偏光成分の「生の」データを直接取得可能である。ナノワイヤ・マイクロ偏光フィルターのコントラスト比を図2に示した。波長帯により30〜90のコントラスト比が得られている。コントラスト比は今後のアップデートにより向上される予定である。

画像の可視化

偏光画像は、通常のモノクロ画像との相関は殆ど無い。実際の画像処理システムにおいて偏光画像を用いる場合、個々の偏光成分に対して処理を行う場合と、複数の偏光成分の組み合わせに対しての場合とがある。複数の偏光状態を肉眼で認識できるかたちに表現できると有用である。最も一般的な方法は偏光状態をカラー表示することである。視覚的に把握できる上、既存のカラー画像のデータ構造と伝送プロトコルを利用できるため都合が良い。

図3は、プラスチック定規の偏光画像をカラー表示したものである。Piranha4 Polarizationにより撮像した。RGBがそれぞれ 0°(s)、90°(p)、135°の偏光方向に割り当てられている。フィルター無しのチャンネルで捉えた通常のモノクロ画像と比較すると、偏光画像が内部応力を良く捉えていることが判る。

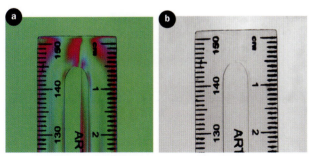

図3 (a)カラー表現された偏光画像と、(b)偏光フィルター無しのモノクロ画像。

検出能力

今日のマシンビジョン市場においては、ラインレート100kHz以上、分解能は1μm以下のレベルまでスピードや精度の要求はより一層高まってきている。これまで、TDI（Time Delay Integration）技術によるSN比の向上やカラー・マルチスペクトル画像による波長毎の性質を捉える技術など、様々な技術が発展してきた。しかし、応力等の物理的性質を捉えるには、より高いコントラストでそれらの性質の違いを捉える技術が必要だ。物質表面や界面の変化を高感度で捉えられる偏光画像は、非常に重要な役割を持つ。

透過の構成（図4）は、通常ガラスやフィルム等の透明な物質に用いられる。偏光子を用いて光源を直線偏光へ変換する。一般に、直線偏光が物質を通過すると、複屈折により楕円偏光へと変化する。必要に応じて、λ/4・λ/4波長板等の補償板を用いることもある。最適な結果を得るために偏光子や補償板の角度は調整可能だ。

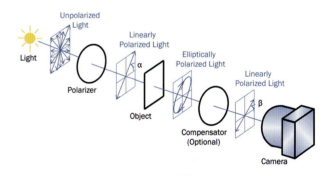

図4 透過構成

反射の構成（図5）は、通常不透明な画像に用いられる。半導体や金属等、多くの物質の反射率は偏光に依存することが知られている。偏光子（Polarizer）によって光源からの光を直線偏光へ変換する。直線偏光が物質から反射すると、反射光は一般に楕円偏光となる。偏光子や補償版をある角度に調整することで、反射光は直線偏光となりカメラへ到達する。この反射の構成はエリプソメトリ法に近いが、エリプソメトリ法が回転検光子を用いる必要があるのに対し、この構成では回転検光子を用い

産業用カメラの選び方・使い方 **81**

ずに複数の偏光成分を同時に取得可能だ。なお、スポット照明よりライン照明を用いる場合が多い。

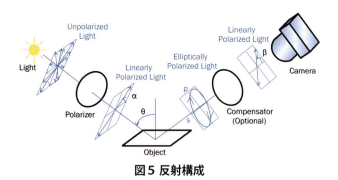

図5　反射構成

いずれの構成も、欠陥等により物性の変化が生じている場合にはこの変化が偏光状態に反映される。この変化は偏光カメラにより高精度に検出することが可能だ。

図6のメガネのネジ周辺の内部応力に見られるように、機械的な力によって、伝播する光の偏光状態は変化する。もう一方のモノクロ画像では、こうした応力は識別できない。図7の電子回路部品表面にかき傷があるが、偏光画像を用いることで表面の欠陥はより高コントラストに識別できる。

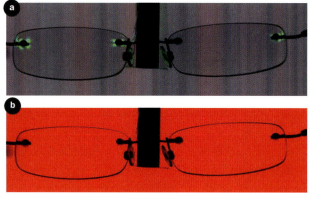

図6　メガネの偏光画像と(b)偏光フィルター無しの画像

偏光ラインスキャン画像は、エリプソメトリ法の有用性はそのままに横方向の解像度を向上したもの、と言うことができる。1970年台に発展したエリプソメトリ法は、nm（ナノメーター）レベルの分解能を実現する非常に高感度な光学技術である。膜圧測定や材料組成分析、表面モフォロジーの観察、光学定数の測定等に広く用いられてきた。その後の研究により横方向の解像度がある程度向上したが、点光源を用いるため視野はかなり制限されており（数μm）、顕微鏡用途に限られた。ラインスキャン型の偏光カメラとライン照明を用いればこの制約はない。

 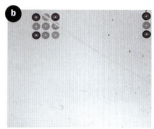

図7　(a)印字された回路基板の偏光画像と(b)偏光フィルター無しの画像

おわりに

偏光ラインスキャンカメラを用いることで、偏光画像のアプリケーションの幅は大きく広がる。

偏光ラインスキャンカメラの今後の課題は、視野がセンサー幅を大幅に超えた場合に条件を満たせなくなる点である。なお、Pinraha4 Polarization（図8）は、現在2Kモデルのみだが、今後4Kや8Kモデルのラインナップも計画中である。

図8　Pinraha4 Polarization

【筆者紹介】

前嶋 素生
㈱エーディーエステック　イメージング部

超高解像度カメラとそのアプリケーション
Ultra High Resolution CMOS Camera and Its Applications
Falcon4 86M

㈱エーディーエステック
前嶋 素生

はじめに

Teledyne DALSA社より超高解像度カメラFalcon4 86M（ファルコン4 86M）がリリースされた。独自の高感度CMOSセンサを搭載しており、グローバルシャッタで8600万画素・16fpsでの撮像が可能だ。本稿では、Falcon4の特長と最適なアプリケーションについて紹介する。

図1　Falcon4 86MとCマウントカメラ

センササイズ・画素サイズ

イメージセンササイズは、Cマウントのものだと1インチ、2/3インチ、1/2インチといった呼び方をし、おおよその大きさが判るようになっている。Cマウントを超えるものだとAPS-C（23.6×15.7mm）やAPS-H（28.7×19mm）、35mmフルサイズ（36×24mm）といった規格が存在する。イメージセンササイズが大きいことのメリットは、受光できる電荷の量が多くなり、より感度を高めることが出来る点にある。

また、同一のセンササイズで解像度を高くするには、1画素あたりの画素サイズを細かくする必要がある。しかし、画素サイズがある一定の大きさを下回ると、光の回折現象により結像面に光がうまく結ばずに、光が回り込んでボケた画像になってしまうことが知られている。加えて、画素サイズが小さいことは、共に使用するレンズの設計がより困難になることを意味する。

Falcon4は、10720×8064の約8600万画素の解像度を持つが、これは、フルHD画像を40個並べたサイズに匹敵する（図2）。なお、高解像度ながら画素サイズは6μm×6μmあるため、前記のような理由で感度を損なうことはない。

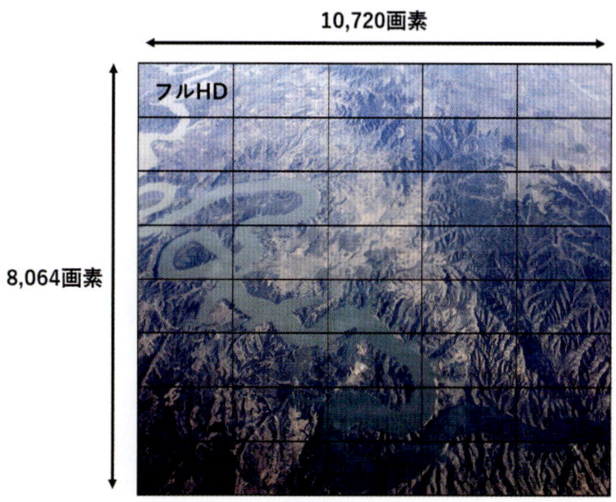

図2　86M解像度のイメージ

グローバルシャッタ

電子シャッタには、ローリングシャッタとグローバルシャッタがある。ローリングシャッタとは、画素毎に露光を行うタイミングが異なるシャッタ方式のことである。ローリングシャッタを使って高速現象を撮影すると、対象物の移動と共に撮像素子上で像が移動し、そのために像が歪むという欠点がある。

一方のグローバルシャッタは、全画素同時に露光を行うシャッタ方式であるため、ローリングシャッタ歪みは発生しない。

従来50Mを超えるような超高解像度センサは比較的ローリングシャッタのものが多かったため、86Mでグローバルシャッタの採用はユニークな点である。

Camera Link HSインターフェース

高解像度の画像データであれば、当然データ量も増加する。大容量の画像データを高速かつ確実に転送するためにはインターフェースの選択が重要となる。Falcon4はCamera Linkの上位規格であるCamera Link HSインターフェースを採用している。

Camera Link HSは、2012年にリリースされた規格で、Camera Link規格のケーブル長や伝送帯域を改善したものとなっている。銅線ケーブルで最大15m、光ファイバで最大300mのケーブル長が可能だ。実行帯域は銅線ケーブ×1本時、2100Mbytes/sである（表1）。

アプリケーション：航空画像

最も期待されるアプリケーションの一つは、航空画像だ。航空画像の市場は、北米やヨーロッパを中心に成長を続けている。

航空画像用途の一例として、オブリークカメラが挙げられる。近年採用が増えているオブリークカメラとは、1地点から同時に直下と四つの斜方視（前方、後方、左方、右方）の画像を撮影できるカメラだ（図

表1　Camera Link HSの転送速度

構成		画像データ転送速度	ケーブル数
Camera Link HS	ファイバーケーブル(SFP+)x8本	9600 M bytes/s	8
	ファイバーケーブル(SFP+)	1200 M bytes/s	1
	銅ケーブルx8本	16800 M bytes/s	8
	銅ケーブル	2100 M bytes/s	1
Camera Link	80-bit	850 M bytes/s	2
	Full	680 M bytes/s	2

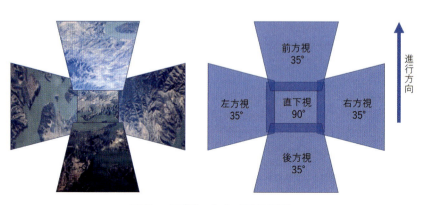

図3　オブリークカメラの視野

３）。斜方視の画像が垂直写真と同時に撮像できるため、建物側面などの画像も効率的に取得できる。また、漏れや部分的な偏りが無い重複した画像が得られることから、高精細な三次元モデルを作成可能だ。

　Falcon4は電子シャッタ（グローバルシャッタ）を採用しており、メカニカルシャッタの航空カメラと比較してフレームレートの点で有利である。

　また、耐振動・衝撃性についてはMIL-STD-810Fに準拠しており、航空機等への搭載が可能だ。

　オプションで専用のFMCユニットを搭載可能だ。FMC（Forward Motion Compensation）は前進運動による画像のブレを補正する機能であり、航空カメラに汎く採用されている。

アプリケーション：FPD検査

　ここ最近では、フルHD、4Kとディスプレイ端末の解像度は高まってきている。産業用カメラもこうしたニーズを受け、より高解像度のセンサが必要とされている。検査するディスプレイはスマートフォン、タブレット、テレビ等様々だ。

　Falcon4はグローバルシャッタの産業用カメラとしては最大クラスである10720×8064の解像度を持つ。

　これは、ワンショットで長手方向2500画素程度までのディスプレイを１画素あたり４画素で捉えられることを意味する。

おわりに

　幸いなことに高解像度のメリットは比較的理解し易い。より広い視野をより高精細に撮像することが可能な点である。一方で、超大型センサの設計には技術的な困難さが伴い、コストも割高になりがちなため、これほどの高解像度の産業用カメラは殆どなかった。

　Teledyne DALSA社のカメラは、どちらかというとTDIカメラをはじめとしたラインスキャンカメラのほうが有名だろう。超高解像度カメラFalcon4の登場により前述のようなアプリケーションの広がりを期待したい。

【筆者紹介】

前嶋 素生
　㈱エーディーエステック　イメージング部

グローバルシャッター CMOS シリーズ マシンビジョンカメラ
Introduction of Sony Global Shutter CMOS Camera series

ソニーイメージングプロダクツ＆ソリューションズ㈱
神戸　良

はじめに

　ソニーイメージングプロダクツ＆ソリューションズ㈱（以下，SIPS）は，グローバルシャッター CMOS（以下，GSCMOS）を搭載したカメラの開発を加速し，お客さまに CCD 搭載カメラからの置換を提案している。本稿では，GSCMOS シリーズのカメラやその機能を中心に紹介する。本稿の構成は以下となる。

- GSCMOS シリーズのラインアップ
- GSCMOS "Pregius" の特徴
- ソニーマシンビジョンカメラの主な機能
- 品質に対する取り組み

GSCMOS シリーズのラインナップ

　GSCMOS シリーズのインターフェース展開は GigE、USB3.0、Camera Link Full Configuration、Camera Link Base Configuration となっている。それぞれのインターフェースに対しての解像度は、GigE は SXGA・2M・5M、USB3.0 は SXGA、Camera Link Full Configuration は 5M、Camera Link Base Configuration では 5M に加え、今後 12M のモデルを新規に追加する（図1）。

GSCMOS "Pregius" の特徴

　SIPS では、GSCMOS シリーズの搭載センサーとして、

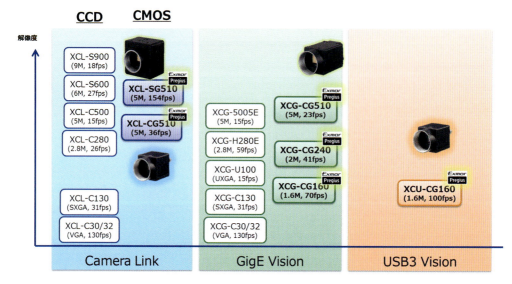

図1　GSCMOS シリーズのカメララインナップ

グループ会社である当社が開発した"Pregius"を採用。Pregiusは以下の特徴を備えており、CCDからの置換を図るうえで、最適の選択と考えている。

グローバルシャッター方式採用

　産業用途では、高速移動被写体の正確な形状を取得する必要がある。従来のCMOSセンサーのローリングシャッター方式だとフォーカルプレーン歪みの発生が避けられなかったが、PregiusではCCD同様の全画素信号の同時読み出しを実現することで、フォーカルプレーン歪みの発生を防止している。

高速読み出し

　CCDの場合は、画素に蓄積された電荷は、そのまま垂直電荷転送部、水平電荷伝送部と送られ、一画素ずつ電圧変換部に送られていた。それに対し、CMOSイメージセンサーは、画素ごとに電荷伝送・電荷検出部があり、一気に電圧変換まで行って、ON／OFFスイッチだけでラインごとに画素電圧を読み出せるため、高速化が実現できる。たとえば、Pregiusの第二世代を搭載したXCL-SG510では154fps（8bit、raw使用時）を実現。従来のCCD搭載モデルに対して、5倍近く高速に読み出せる。これにより、ユーザのタクトタイム削減や、高fpsを利用した画像処理の多様化に貢献できる。

高感度

　Pregiusの第二世代では、3.45μm画素という限られた受光面積ながら、高感度画素設計技術と集光プロセス技術により感度が大幅に向上した。それによって、高感度でありながら、5Mクラスの解像度でも2/3インチの光学サイズを実現。従来のCCDから光学サイズは変わらずに感度が上がることで、レンズ変更の必要なく容易に置換が可能、かつ照明の設定照度を下げて消費電力を削減することができる。

ソニーマシンビジョンカメラの主な機能

　マシンビジョンカメラに求められる機能は、人の目を超える映像を「撮る」、正確な一瞬を「捉える」に大別されると考えられる。本稿ではGSCOMSを搭載したXCL-SGシリーズ及びXCL-CGシリーズを例に、「撮る」点では、高速でとらえた画像を活かして画像を補正するフレーム処理機能、「捉える」点では、周辺機器との接続性を高めるIEEE1588対応機能を紹介する。

フレーム演算
(1)機能概要・原理・技術

　XCL-SGシリーズは、撮影画像を一旦カメラ内蔵のメモリーに格納し、複数枚から1枚の画像を合成して、カメラから出力する機能を搭載している。この機能をSIPSでは「フレーム演算」と呼んでいる。フレーム演算には、複数枚の画像それぞれの撮影方法やその合成方法により、フレーム平均処理、ワイドダイナミックレンジ、エリア露光の三つの機能がある。

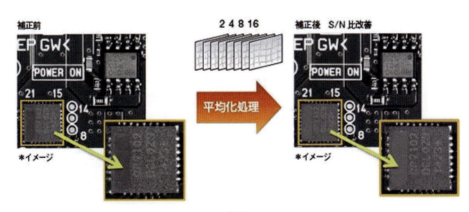

図2

①フレーム平均処理
　数枚の画像を同一の露光時間で撮影して、その平均を生成する方法。あらかじめ指定された枚数分の露光を繰り返し、画像データをカメラ内部のメモリーで加算。この加算中の画像はカメラからは出力せず、指定枚数分の加算が完了したら平均を算出し出力する。XCL-SGシリーズでは、平均する画像の枚数として2、4、8、16枚から選択できる（図2）。

②ワイドダイナミックレンジ
　2枚の画像を異なる露光時間で撮影。このとき、2枚目の露光時間は1枚目の16倍に固定される。短時間露光画像の暗い部分の画素情報を、長時間露光画像の明るい画像データに置き換えることで、暗部の階調分解性能を向上する（図3）。XCL-SGシリーズの通常の出力ビット長は最大で12ビットだが、本モードを使用する場合のみ出力ビット長を16ビットに設定できる。また、得られた16ビット長の画像から、17点近似により階調カーブを任意に変化させ、8ビットに圧縮された画像の出力も可能である。

③エリア露光
　ワイドダイナミックレンジと同様に、2枚の画像を異なる露光時間で撮影する。露光時間はそれぞれ任意に設定可能。2枚目の画像の任意矩形領域を1枚目の画像の同一領域の上に置き換えて1枚の画像として出力、エリアは最大16か所指定できる。

(2)ユースケースとメリット
　微細な部品検査や位置決め機能がある装置では、ステージが高速に繰り返し移動している。撮像を行うためにそのステージを止めたつもりでも、実際には微小な振動が発生しているので、数μ単位の画素レベルでの分解能が求められる場合、カメラや対象物が揺れて、画像処理の結果に影響を及ぼしてしまう。こうした画像処理への悪影響を低減するために、

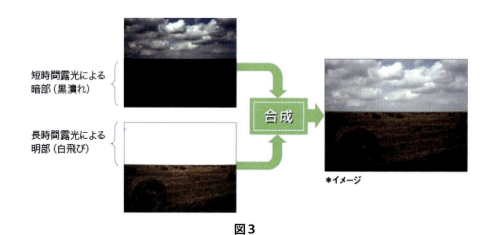

図3

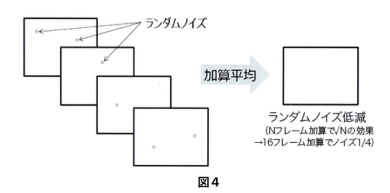

図4

フレーム平均処理が有効である。

　カメラの設置環境温度の影響を受けて取得画像にランダムなノイズが発生し、S/Nを悪化させ、画像処理結果に影響を及ぼすこともある。このような場合にもフレームの平均処理が有効である。Nフレームの画像を加算することによって、√Nの効果があると言われている。すなわち4フレーム加算でノイズは半分に、16フレーム加算で1/4となる（図4）。

　また、フレーム平均処理は、カメラからの画像をPC上で貯めて、CPU／GPU（Graphics Processing Unit）で処理されるのが一般的だ。しかしながら、カメラからの映像転送時間がネックになるほか、CPU／GPUは画像認識などの他の処理も割り当てられるため、処理スピードが圧迫される。他方、処理スピードを改善するために、複数のCPU／GPUで分散処理を行ったり、FPGA搭載の画像処理ボードを採用する例もあるが、システムコストの上昇を招く。それに対して、フレーム平均処理をカメラで行うことで、カメラからの映像転送時間の短縮、かつCPU／GPUの負荷を抑えてシステム全体としての処理スピードを速めることが可能となり、システムパフォーマンスの向上が期待できる。

　次に、基板検査やナンバープレート認識などのITS（Intelligent Transportation System）といった、視野角に低輝度や高輝度な複数の対象物が映り込むユースケースがある。基板検査では、反射率の異なる部品が同一視野角に存在し、コントラスト差が大きいため、反射率の低い部品に合わせて明るさの調整を行うと、他方の部品が白飛びして検査に有効な画像が一回の撮影では得られないという課題が生じる。また、ITSにおいても、明るいヘッドライトと、暗いナンバープレートや車内の画像を同時に取得する場合に同様の問題が生じる。こうした高いコントラスト差によって生じる課題を解決するために、ワイドダイナミックレンジや、エリア露光で露光時間の異なる2枚の画像を合成することで、視認性の高い画像が得られる。

IEEE1588対応
(1)機能概要・原理・技術
　IEEE1588は、Ethernetでつながれた機器間の高精度時刻同期プロトコル（Precision Time Protocol：PTP）を定めた規格である。これにより、時刻の基準機であるグランドマスターとEthernetケーブルで接続されたカメラ間の高精度な時刻同期が実現できる。IEEE1588をサポートしたカメラは、グランドマスターと一定の周期で同期メッセージを交換し、その送受信時のタイムスタンプ情報を基に内部カウンターのずれを補正する。その結果、カメラのタイムスタンプはグランドマスターに同期する。

　XCG-CGシリーズでは、この絶対時刻に同期して露光を開始するという機能を持たせている。GigE Vision規格でIEEE1588の応用として定義されている機能にScheduled Action Commandというものがある。GigE Vision 2.0で追加になったIEEE1588とAction Commandを組み合わせて、時刻を指定してそれぞれのカメラがアクションを実行可能となった。また、GPO（General Purpose Output）信号出力との同期にも対応している。

　さらに、カメラのマスター化にも対応。グランドマスターとなる機器は通常、別途用意する必要があるが、XCG-CGシリーズではIEEE1588のマスター機能を搭載。カメラ自身がマスター機能を担うことで、別に機器を用意する必要がなくなり、カメラ間あるいはカメラと周辺機器の同期をとるという、シンプルな構成が実現できる。

(2)ユースケースとメリット
①事後解析の容易化
　GigE VisionカメラへのIEEE1588の実装で、カメラはグランドマスタークロックに対して時刻同期し、映像パケットに付加されるタイムスタンプは、絶対時刻を表示する。ITSの一つのユースケースとして速度違反車両の検知があるが、2地点間のタイムスタンプの差から、速度超過の可否が判断される。つまり各地点で取得する画像の時刻が正確になるため、高精度な速度解析が容易になる。また、組み立て用途の産業用ロボットや各種検査装置においても、IEEE1588のタイムスタンプは有効である。処理結果の画像に対し、絶対時刻が付加されていれば、簡単に対象物を特定できる。

②画像処理システムの信頼性向上
　組み立て・検査用途の産業用ロボットや装置では、

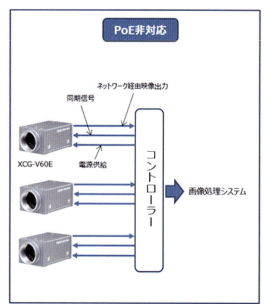 

図5

ビジョンシステム導入にあたってその配線の取り回し（冗長性）が課題となる。特にカメラ台数が増え、それぞれ同期させる場合は配線数が増えることになる。XCG-CGシリーズでは、IEEE1588とScheduled Action Commandを介して、複数カメラの同期が可能。加えてPoE（Power over Ethernet）にも対応しており、1本のケーブルで露光同期・映像出力・電源供給を行うことができる（図5）。その結果、システムの信頼性向上に大きく貢献する。

③タクトタイムの削減

産業用ロボットや画像処理装置におけるトータルのタクトタイム短縮のためには、画像の取り込みに合わせて周辺機器がアクションを開始する時間をいかに短くするかが課題となる。XCG-CGシリーズは、GPOとの連携に対応している。これにより産業用ロボットや画像処理装置に、時刻同期に基づく信号を一定間隔で送ることができる。たとえば、カメラのGPOをロボットに繋げて、ロボットのピッキング動作のために、時刻同期に基づく信号をカメラから送ることが可能になる。さらに、多数のカメラの同期が必要で、かつ一定の速度で検査対象が流れてくるボトル検査装置では、IEEE1588の高精度な時刻同期を使用したシステムと非常に親和性が良いと考えられる。

品質に対する取り組み

SIPSでは約20年前に振動試験の評価基準を確立し、新機種は試作段階でこの試験をクリアすることが出荷の条件となっている（図6）。また同じく試作段階で落下衝撃試験を実施し、大きな衝撃（加速度）を受けた際にも、カメラに異常がないよう入念な確認を行っている（図7）。こうした厳しい検査基準により、現在に至るまで圧倒的に低い市場故障率を実現している。また、今までの振動試験で得られたさまざまなノウハウ（基板の保持構造、部品配置の最適化、振動抑制機構など）を設計に生かし、品質のさらなる向上を図っている。

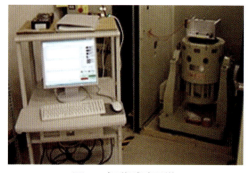

図6　振動試験設備

図8　放熱対策

図7　落下衝撃試験設備

　熱対策としては、試作前に熱シミュレーションを実施し、熱が1か所に集中することなく、熱源から均等に拡散するような最適な放熱構造となるように検証を実施している（図8）。

　また、昨今の小型化・高機能化への要求で、カメラ内の部品密度が高まっている。その結果、筐体と部品間の距離が近くなり、内部に静電気が飛び移りやすく、対策の難易度が上がっている。さらにPoE給電時はカメラが周辺設備から電気的に絶縁されているため、静電気の逃げ道がなく破壊に至るリスクが大きくなるが、SIPSでは設計の上流段階から、3D CADでカメラ内の静電気に弱い箇所の洗い出しを徹底的に行って保護している。さらに、電気的に絶縁されているPoE周辺回路は特に静電気に弱いため、部品密度を高めながら適切な絶縁距離を確保する基板レイアウトになるように工夫している。

　イメージセンサーの有効画素位置は、外形基準（パッケージの側面）に対して、X方向、Y方向、θ方向に位置ズレの誤差を含んでいる。そのためSIPSでは、イメージセンサーの基準位置に対して、1台毎にX方向、Y方向、θ方向による位置調整を実施。これにより、位置ズレの誤差を最小化し、量産中も常に安定した高い品質を実現している。フランジバック調整も、専用設備で1台ずつ測定し、ミクロンオーダーの調整を行うことで量産バラツキを抑えている。さらに、耐振動性・耐衝撃性を満たす調整機構を採用し、高い信頼性と品質を確保している。

おわりに

　これからもSIPSでは、ユーザの装置に適したカメラの開発を進め、GSCMOSカメラの導入に向けてご提案を行っていく。さらには、ユーザの装置のパフォーマンスを飛躍的に進化させるマシンビジョンカメラの開発に取り組んでいきたいと考えている。

【筆者紹介】

神戸　良
ソニーイメージングプロダクツ&ソリューションズ㈱
プロフェッショナル・プロダクツ本部
企画マーケティング部門　商品企画2部

モーションキャプチャと
ハイスピードカメラの活用について

About the application of motion capture and high speed camera

㈱ナックイメージテクノロジー
奈須野 大介

はじめに

　自動車や電子機器など、さまざまな産業分野の製品開発において画像計測は欠かすことのできないものになっている。画像計測のメリットは誰でも簡単に現象を把握することができる点にある。特にCAEによるシミュレーションデータと実現象を比較するために3次元計測のニーズが高い。当社では、実現象の3次元動作を計測するシステムとして、光学式モーションキャプチャによる3次元計測システムとハイスピードカメラによる3次元動作解析システムの2製品を扱っている。以下に、製品の活用事例を含めて紹介する。

モーションキャプチャと
ハイスピードカメラの併用

　当社では、米国Motion Analysis社の光学式3次元モーションキャプチャ MAC3D（マックスリーディー）システム（図1）の国内総代理店として販売サポートを行っている。MAC3Dシステムはリアルタイムで3次元動作の計測をすることが可能である。計測対象に反射マーカーを貼り、最低2台の専用カメラがマーカーを認識することで3次元化を行う。従来は車の乗り降り動作やCGマネキンの元データとなる動きなど、通常は8～10台の専用カメラを用いて人の動きを計測するシステムであった。最近はMAC3Dシステムのカメラ解像度が最高1200万画素まで向上し、サンプリングレートも500Hz以上の高サンプリング化が実現され、他メーカー製品との差別化ができている

（図2）。
　一方、当社は自社開発製品のハイスピードカメラMEMRECAM（メモリカム）シリーズを長らく販売して

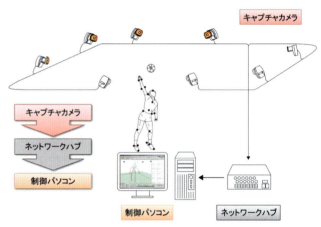

図1　MAC3D Systemシステム図

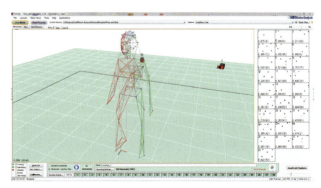

図2　制御ソフトCortex画面

おり、自社製の3次元動作解析ソフトMOVIAS Neo（ムービアスネオ）と組み合わせて高速現象の3次元解析をシステム販売してきた（図3、4）。1台の本体で4台までのカメラが接続できるMEMRECAM MXシステムをリリースし、3次元計測に適した製品がラインナップされている。

図3　MEMRECAM MX製品写真

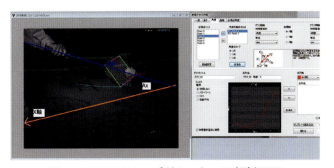

図4　MOVIAS Neo バドミントン3D解析画面

ここ数年でモーションキャプチャ、ハイスピードカメラともに大きく性能向上したこともあり、衝突試験、ロボット開発、スポーツ分野など、同じ開発テーマにおいて二つのシステムを併用することにより、より効果的な結果を出力できる使用事例を紹介する。

衝突試験

自動車の安全性能を確認するための衝突試験は各自動車メーカ、部品サプライヤメーカ、国の研究所などで実施されている。衝突試験においてハイスピードカメラの現象確認は欠かせないものであり、実車衝突試験でカメラ10台前後、スレッド試験で5～6台、エアバッグなどの部品試験で3～4台くらい使われている（図5）。従来、2次元で高速度撮影していた

乗員ダミー人形の動きを3次元計測したいニーズが潜在的にあり、比較的現象を確認しやすいスレッド試験でモーションキャプチャシステムでの3次元計測をトライアルで実施している企業も出てきている（図6）。通常のハイスピードカメラと3次元解析ソフトウェアで行う場合、試験オペレーターが撮影した画像から計測ポイントを指定してデータ化する作業が複数のカメラ画像で必要となるが、モーションキャプチャは事前にキャリブレーションを行えば、後処理の手間が少なくて済むメリットがある。特に画像上の移動量解析が義務付けられている試験形態もあるので、オペレーターの作業工数軽減においてモーションキャプチャは有効なツールとなり得る。また3次元データが出力されるので、設計データとの比較がしやすいメリットもあるので、落下試験などでも適用可能である。

図5　スレッド試験写真

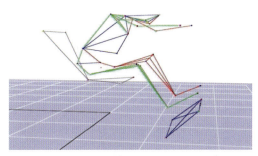

図6　スレッド試験モーションキャプチャ

工業用ロボット（溶接ロボットなど）

　自動車、電動モーターや電子制御ユニット、半導体、デジタル家電、携帯電話など、精密加工が必要な場面において溶接ロボットは多く使われている。モーションキャプチャMAC3Dシステムであれば、高速サンプリングも可能なのでロボットの先端部分の振れなどの高速現象を計測したり、ロボットアーム全体の動きを計測し、もし動作的な異常があれば制御装置にフィードバック信号を送ることも可能である（図7）。

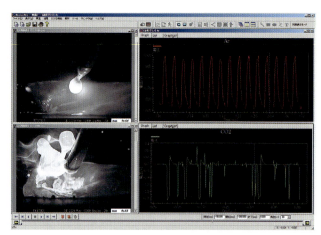

図8　溶接と波形の同期表示画面

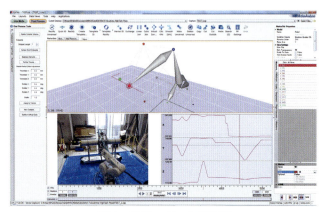

図7　溶接ロボット計測例

　さらに、効率よく生産を行う上で、溶接の条件決めは重要な要素であり、企業の先行開発部門や生産技術部門において、ハイスピードカメラMEMRECAMシリーズを用いて溶接過程の溶融池の状態、スパッタの発生具合などを観察することに活用されている。溶接機の電流・電圧値波形と画像を同時にモニタリングすることやスパッタ数・ヒューム量・キーホール輝度を計測して溶接の良否判定の指標とするシステム、溶融池の温度計測をするシステムなどをラインナップしている（図8〜10）。

　当社ではモーションキャプチャMAC3Dの制御ソフト上にハイスピードカメラ画像を同期表示でき、ロボット動作と溶接現象を時系列的に確認することが可能である。

　また、当社では視線計測装置EMRも自社開発しており、溶接作業者の技能伝承でオペレーターの視線データを取得したり、品質管理部門にて検査箇所を目

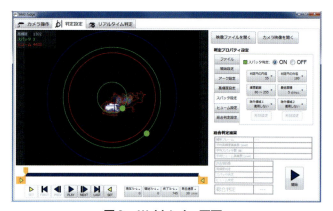

図9　Weld-Judge画面

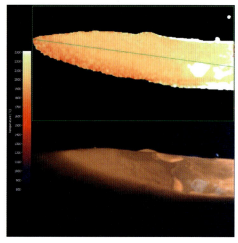

図10　溶接温度解析

モーションキャプチャとハイスピードカメラの活用について

視しているか確認する教育ツールとして活用することが可能である（図11）。

図11　視線計測EMR-9製品写真（3種類のヘッドユニット）

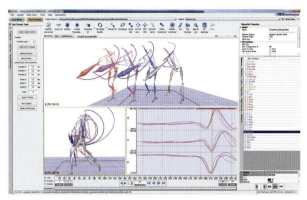

図12　Cortex7　比較データ表示

スポーツ

2020年東京オリンピック開催にむけて、スポーツ選手の強化、ならびにスポーツ器具メーカの開発が進んでいる。余談であるが、当社は現在工事中の国立競技場の近くに事務所があり、オリンピック開催に向けた準備が着々と進んでいることを実感させられる。スポーツ先進国の米国では数多くのスポーツ研究施設が建設され、モーションキャプチャMAC3Dシステムが採用されている。国内でも各大学や企業の研究施設等に納入事例があり、ランニング動作などの分析に使われている。この場合に複数データを比較解析するニーズがあり、モーションキャプチャの制御ソフトCortex 7に唯一機能が実装されている（2017年12月現在、図12）。また、ランニングだけでなく、野球のスイング・ピッチングなど、代表的な動作事例ごとの専用解析アプリケーションソフトも昨年秋からリリースされ、より実践的なスポーツ動作の解析ができるようになっている。

一方、ラケットでのインパクトの瞬間、サッカーやラグビーのボールを蹴る動作などは、ハイスピードカメラが数多く使われている。スポーツ分野はモーションキャプチャとハイスピードカメラの併用が一番進んでいる分野であり、全体的なスポーツ選手の動作はMAC3D、局所的なインパクトの瞬間やボール・シャトルの動きなどはMEMRECAMシリーズとMOVIAS Neoが使われている（図13）。

図13　モーションキャプチャとハイスピードデータの重ね合わせ

おわりに

近年、映像関連製品の技術は飛躍的な進歩を遂げている。4Kや8Kのカメラの高画質化、立体映像への取り組み、VR/ARなど擬似空間による疑似体験、自動運転における画像計測技術など映像技術にかかる期待はより一層高いものになっている。

当社は1958年の創業から映像技術の提案を行い、計測ニーズに応じた製品の開発や海外の最先端技術を持った製品の輸入販売サポートを行ってきた。我々は、将来の映像計測を見つめ、より精度の高い、若しくは効果の高い映像計測システムを目指し、今後も市場のニーズに合った製品を提供し、技術開発の更なる発展に貢献していきたい。

【筆者紹介】

奈須野 大介
㈱ナックイメージテクノロジー　計測営業部

偏光高速度カメラ
Polarization high-speed camera

㈱フォトロン
上野 裕平

はじめに

本稿では、光の基本的な特徴の一つである「偏光」を検知するカメラをご紹介する。

従来のカメラでは、光の「色（波長）」「明るさ（輝度）」の分布を取得し画像として表示している。この際には「偏光」という情報は取得されずにいた。これまでカメラを用いて偏光情報を取得するためには、カメラの前に置いた偏光子を回転させながら撮影する方法や互いに異なる透過軸の偏光子を複数台のカメラの前に設置して取得するなど、データの取得に時間を要し、また光学系は非常に複雑となっていることが偏光画像を取得する大きなハードルであった。

近年、精密加工技術や機能性材料、そしてロボット技術の発達により「偏光」を用いた動的構造解析や高速物体認識へのニーズが高まっている。そこで、当社は偏光に感度を持ち、かつ高速に変化する現象を捉える事ができる「偏光高速度イメージセンサ」の開発に着手し、5年の開発期間を経て、偏光高速度イメージングカメラCRYSTAの販売を開始した。

偏光高速度カメラ CRYSTAシリーズ

CRYSTAシリーズは、画素ごとに方位の異なるフォトニック結晶型マイクロ偏光素子アレイを実装したイメージセンサを搭載したカメラであり、偏光観察の新たな検知デバイスとして注目されている。従来

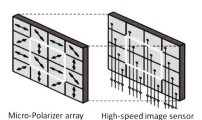

Fig1. Proposed technology of High-speed Polarization Image Sensor.

図1

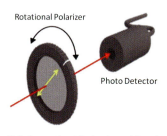

Fig2. Conventional Technology of Rotational Polarizer Method.

の偏光観察技術では、偏光板の回転が不可欠であったが、CRYSTAは1回の露光で偏光観察に必要な光強度情報を取得できる特長を有しており（図1）、さらに独自の画素並列読み出し回路と偏光素子アレイを直結させることで、サンプリング速度を従来比1000倍以上に向上させた全く新しいカメラである。このように偏光光学系をセンサ上に実装しているため、複雑で繊細な光学系を組む必要が無く、屋外の環境下でも安定して偏光観察ができるのも大きい特長である。

CRYSTAシリーズは、秒間100万枚の偏光観測が可能なPI-1シリーズ、偏光物体認識・検査向けにリアルタイムに偏光画像を処理することが可能なPI-5シリーズがラインナップされている。

それぞれの主な仕様を以下に示す。

「PI-1」（図2）

カメラヘッドにメモリを内蔵しており、秒間100万枚の偏光イメージングデータの取得が可能。
1024×1024画素偏光高速度イメージセンサ

偏光高速度カメラ

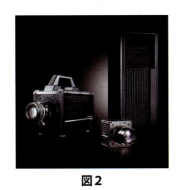
図2

図3

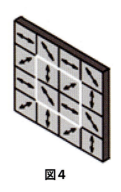
図4

光学仕様
　フォトニック結晶型マイクロ偏光素子アレイ
　直線偏光子または直線偏光子＋位相子
偏光動作波長領域
　520～570nm
レンズマウント
　GタイプFマウント、Cマウント
最高撮影速度
　1550000枚/秒
制御インターフェース
　1000BASE-T
SDKおよびサンプルソフト
　標準付属　言語C/C++
外形寸法
　W153×H165×D243mm
質量
　7.4kg

「PI-5」（図3）
　PCメモリへのリアルタイム転送により高速な画像処理が可能。

撮像素子
　2560×2048画素偏光高速度イメージセンサ
光学仕様
　フォトニック結晶型マイクロ偏光素子アレイ
　直線偏光子または直線偏光子＋位相子
偏光動作波長領域
　520～570nm
レンズマウント
　Cマウント

最高撮影速度
　10000枚/秒
制御インターフェース
　PCI-Express
SDKおよびサンプルソフト
　標準付属　言語C/C++
外形寸法
　W74.4×H74.5×D62.35mm
質量（カメラヘッド）
　0.48kg

　CRYSTAシリーズは、①同時刻に撮影された各偏光方位の画像（0°, 45°, 90°, 135°）（図4）、②隣接する4画素を平均化した画像を取得することができる。SDKによって各種のアルゴリズムを適用または、ユーザ独自のアルゴリズムを適用することで、様々な物理量や物性の値、および可視化が可能である。

偏光観察の適用事例

路面の凍結検知
　日本国内、特に北海道・東北・北陸地方は豪雪地域である。冬季の交通道路の路面凍結の危険性は大きな問題である。粉じん問題から1992年にはスパイクタイヤが禁止され、スタッドレスタイヤが普及した結果、圧縮された雪によって「つるつる路面」が出現し、スリップ型の交通事故が多発している。
　偏光高速度カメラを用いて「つるつる路面」の画像を取得すると、2種類の偏光方位の画像の輝度比から、凍結している領域を検出できる（図5）。

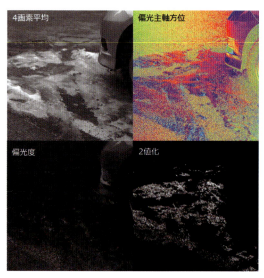

図5

図6

　これは、乾燥路面と凍結路面では太陽光の反射の仕方が異なるために検知が可能である。乾燥路面では路面の表面の凹凸によって太陽光は乱反射されるが、凍結路面は氷の層により鏡面反射される。鏡面反射時には水平・垂直偏光の反射率が異なるため、路面からの反射光の偏光特性を解析することにより、検知が可能となる。
　またCRYSTAを使うメリットとして、水平・垂直偏光の各画像を同時に取得することができ、高速撮影性能を生かし、車両に搭載し移動しながら測定することができる。また、偏光光学系は物理的に動くことが無いため、車両の振動に影響されず安定して偏光観察することができるのも大きなメリットである。

高速物体認識・追尾

　航空機や高速走行中の車両の認識をする際、偏光観察は通常のカメラによる撮影とは異なる映像を取得できる。CRYSTAで得られたデータの偏光度を解析すると、窓ガラスからの反射光の偏光度は車体部分からの反射光よりも高いため、走行中の窓ガラスを選択的に検知することができる（図6）。

高速光弾性実験

　衝撃・破壊時に発生する物体内部の応力分布を評価する方法として、光弾性法が古くから利用されている。しかしながら、瞬時に発生し消失する応力伝搬の様子を可視化・定量化することは非常に困難であった。CRYSYTAは高い空間分解能と高速撮影性能を有しており、ガラスや樹脂内部の応力伝搬の様子を細かく捉えるのに非常に有効である。特に便利な点としては、偏光画像は輝度画像から得られるため、モノクロの高速度カメラとして使用することができる。つまり、モノクロ動画を見ながら応力が集中している位置や破壊の起点位置を確認し、応力伝搬の様子を偏光画像から評価することができるのだ。最近では、スマートフォンなどに採用されているガラスや樹脂成形品の衝撃試験、ピール試験、カット加工時の残留応力評価のために利用されている。

おわりに

　偏光イメージングに寄せる期待は大きいが、昨今立ち上がったばかりの市場である。将来的には解析アルゴリズムの充実や観察可能な波長領域を拡張することにより、さらなるアプリケーションの拡大が期待できる。
　今後もユーザの声や業界からのアドバイスを大切にしながら、製品開発を進める所存である。随時CRYSTAのデモを受け付けており、またレンタルサービスも行っている。実際にデモ機を利用して、偏光イメージングの結果をご覧いただきたい。

【筆者紹介】

上野 裕平
㈱フォトロン　イメージング事業本部　光学計測部

プリズム分光カメラ技術

Multi-wave prism based camera technology

㈱ブルービジョン

はじめに

プリズム分光カメラの特長は、1波長では困難な計測の代わりに、異なる複数の波長の画像を同時に処理することにより測定精度の向上を図ることである。当社は、プリズム分光を用いた400nmから1680nmの特殊波長カメラ並びに専用レンズの製造販売を行っている。本波長の特長は、可視光に比較して波長が長いので、被写体の内部まで見えることがある、1450nm付近で物体の持っている水分の吸収量が検査できる、波長帯域が広いので分光イメージングに適している等の特徴を持っている。本稿では、可視光から1680nmのSWIR波長帯域（短波赤外線）に有用な入力装置である、プリズム分光カメラを紹介する。

プリズム分光とは

プリズム分光とは、角度を持ったプリズム面に光線が入射したとき、2方向以上の波長選択を行うことである。図1は、フィリップスタイププリズムによる光の3原色であるRGB波長分離例である。被写体から反射した光線は、結像用レンズを介してプリズムに入射する。プリズムに入射した光線は、ブルーダイクロイック反射膜にて485nm（λ1）以下の波長のブルー光線が反射する。このブルー光線はプリズムの全反射面に入射して全反射し、ブルー用のセンサーに入射する。レッド反射ダイクロイック面に入射した光線は、580nm（λ2）以上の光線を反射し、全反射面にて全反射され、レッド用センサーに入射する。残りの波長である、485nm～580nm（λ3）の

グリーン光線はプリズムを直進してグリーン用のセンサーに入射する。波長分離面には誘電体多層膜コート（ダイクロイック膜）が施されている。誘電体多層膜とは、屈折率の異なる複数の誘電体材料を光学薄膜としてプリズム表面に作製し、特定の波長よ

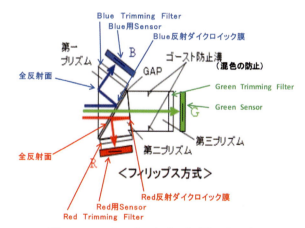

図1　フィリップス方式3色分解プリズム

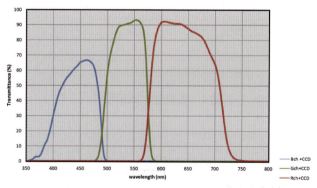

図2　センサーを含めた3色分解プリズムの総合分光特性

り短いまたは長い波長を透過したり、逆に反射したりして必要な分光特性を構成することである。

図2は、実際の総合分光特性例である。当社では、自社内にてプリズムの設計を行っているので、λ1～λ3を設計することにより、400～1900nmの任意の波長を選択して信号を出力することができる。

図3は、直角プリズムを使用し、可視光とSWIR光を分離する事例である。被写体から反射した光線は、結像用レンズを介して、プリズムブロックのハーフミラー面に入射する。ハーフミラー面のガラスには誘電体多層膜コートが施されており、400～1700nmの光線を反射50％、透過50％に分離している。50％反射した反射光はトリミングフィルターに入射し、400～900nmの可視光帯域が選択され、可視光用センサーに入射する。50％透過した透過光はトリミングフィルターに入射し、900～1700nmのSWIR帯域が選択され、SWIR*用センサーに入射する。

当社では、可視光センサーとSWIRセンサーを使用することにより、400～1900nmの波長帯をプリズム分光でカバーしている（図4）。これにより、ユーザーが希望する波長帯として、400～1900nmの波長帯域から2波長または3波長の信号を選択することができる。

表1は、主にSWIR帯域に吸収帯を持っている材質表である。用途としては、食品検査、製造工程の品質監視、医療／医薬品、動物／生体の検査に向いている。またシリコンウェハ、ソーラーセルの検査に向いている波長帯である。

表1　材料の吸収波長

材料	主な吸収帯	
ヘモグロビン	650nm	血液
農作物	700nmで変化	害虫のストレス
みかん	910nm	糖度
穀物	1000nm	糖分
メタノール分子	1405nm	
水　H2O	1450nm/1928nm	穀物検査
アンモニア　NH3	1512nm	
リン	1534nm	
マグネシウム	1612-1718nm	
カフェイン	1690nm	製造工程
脂肪	1700nm	品質検査
茶葉	1870nm	品質検査
板目	1950nm	
デンプン	1460nm/2100nm	食品
タンパク質	1510nm/2300nm	食品　1600nm

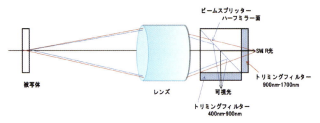

図3　可視光/SWIR分離プリズム

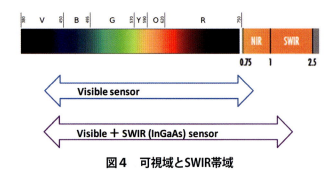

図4　可視域とSWIR帯域

＊SWIR：SWIRとは、Short Wave Infra-Redの略で短波赤外線とよばれ、1000～2500nmの帯域を指す。可視域は、400～750nmであり、NIR（近赤外：Near Infra-Red）域は、750～1,000nmである。

RGBとNIR分光カメラの適用事例

図5は、BV-C8200の総合分光特性である。2個のエリアセンサーを搭載しており、1個のセンサーからRGB原色信号を出力し、もう一つのセンサーから900nm

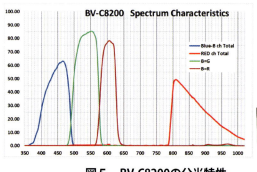

図5　BV-C8200の分光特性

100　産業用カメラの選び方・使い方

付近のNIR信号を出力している。R/G/B/NIRの画像を同時に取得することにより、計測精度を高めることが期待できる。

図6は、部品が実装された基板の撮像写真である。可視光画像では、表面の印刷が鮮明に撮像できる。また、NIR画像では、パターンのコントラストが強調されており、4波長の効果が出ている。

図6　実装基板のNIR画像（左）と可視画像（右）

2波長SWIR分光カメラの適用事例

図7は、BV-C3200のプリズム構成で、図8は、分光特性である。2個のSWIRラインセンサーを搭載しており、1個のセンサーで900〜1290nmを撮像し、もう一個のSWIRセンサーで1290〜1680nmの撮像ができる。

図9は、実際に撮像された、白い錠剤2種類の1200nmと1450nmの撮像画像である。右の錠剤で信号レベルの基準化を行ったとき、1200nmにおいて左の錠剤が大きな信号差があり、波長による吸収帯が大きく違うことがわかる。

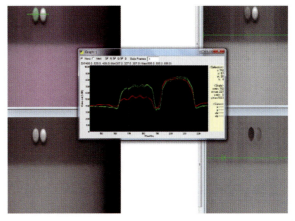

左上　加算画像　　　　　　　右上　1450nm 画像
左下　1200nm 画像　　　　　右下　減算画像

おわりに

印刷物検査、食品検査、分光検査、薬品検査のように可視光からSWIR帯域の特定波長の分析が必要な市場はこれから拡大していくと考える。当社ではプリズム分光技術を用い、複数波長の画像信号を同時に得ることにより、計測精度の向上が期待できる特殊カメラに特化した製品の提供企業として今後も製品のラインナップを拡大していく所存である。また、プリズムカメラ用レンズを準備し、プリズム分光検査装置の入力部に特化した製品の開発を行っていく。

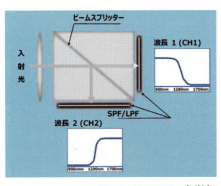

図7　BV-C3200光学部

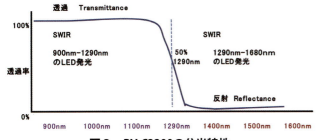

図8　BV-C3200の分光特性

【筆者紹介】
㈱ブルービジョン
　TEL：045-471-4595　URL：http://www.bluevision.jp/

＜販売代理店＞
　ダイトロン㈱　画像機器グループ
　TEL：03-3264-0326　FAX：03-3221-7509
　URL：http://www.daitron.co.jp

明日の技術に貢献する日本工業出版の月刊技術雑誌

- ◆福祉介護機器の情報を網羅……………………………………………福祉介護テクノプラス
- ◆プラントエンジニアのための専門誌………………………………………………配管技術
- ◆ポンプ・送風機・圧縮機・タービン・回転機械等の専門誌………ターボ機械（ターボ機械協会誌）
- ◆流体応用工学の専門誌……………………………………………………………油空圧技術
- ◆建設機械と機械施工の専門誌……………………………………………………建設機械
- ◆やさしい計測システムの専門誌…………………………………………………計測技術
- ◆建築設備の設計・施工専門誌………………………………………建築設備と配管工事
- ◆ユビキタス時代のAUTO-IDマガジン……………………………………月刊 自動認識
- ◆超音波の総合技術誌……………………………………………………………超音波テクノ
- ◆アメニティライフを実現する…………………………………………………住まいとでんき
- ◆やさしい画像処理技術の情報誌………………………………………………画像ラボ
- ◆光技術の融合と活用のための情報ガイドブック…………………………光アライアンス
- ◆クリーン化技術の研究・設計から維持管理まで……………………クリーンテクノロジー
- ◆環境と産業・経済の共生を追及するテクノロジー……………………クリーンエネルギー
- ◆試験・検査・評価・診断・寿命予測の専門誌………………………………検査技術
- ◆無害化技術を推進する専門誌…………………………………………………環境浄化技術
- ◆メーカー・卸・小売を結ぶ流通情報総合誌………………………流通ネットワーキング
- ◆日本プラスチック工業連盟誌…………………………………………………プラスチックス
- ◆生産加工技術を支える…………………………………………………………機械と工具

○年間購読予約受付中　03（3944）8001（販売直通）

- ● 本誌に掲載する著作物の複製権・翻訳権・上映権・譲渡権・公衆送信権（送信可能化権を含む）は日本工業出版株式会社が保有します。
- ● JCOPY ＜(社)出版者著作権管理機構委託出版物＞
  本誌の無断複写は著作権法上での例外を除き禁じられています。複写される場合は、そのつど事前に(社)出版社著作権管理機構（電話03-3513-6969、FAX03-3513-6979、E-mail：info@jcopy.or.jp）の許諾を得てください。

乱丁、落丁本は、ご面倒ですが小社までご送付下さい。送料小社負担でお取替えいたします。

月刊 **画像ラボ別冊**

産業用カメラの選び方・使い方

編　　　集	月刊画像ラボ編集部
発　行　人	小林 大作
発　行　所	日本工業出版株式会社
発　行　日	平成30年4月10日
本　　　社	〒113-8610　東京都文京区本駒込6-3-26 TEL03（3944）1181（代）　FAX03（3944）6826
大阪営業所	TEL06（6202）8218　FAX06（6202）8287
販売専用	TEL03（3944）8001　FAX03（3944）0389
振　　替	00110-6-14874

http://www.nikko-pb.co.jp/　　E-mail：info@nikko-pb.co.jp

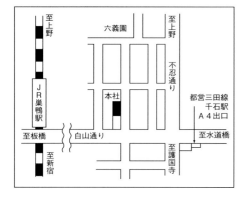
〈東京本社付近図〉

ISBN978-4-8190-3009-0　C3455　¥2000E　　定価：本体2,000円＋税

マシンビジョン・画像検査のための 画像処理入門

マシンビジョン・画像検査のための 画像処理入門

VTシリーズ
HIGH SENSITIVITY & HIGH SPEED TDI LINE SCAN CAMERAS

高速/高感度TDIラインスキャンカメラ

- 3K／4K／6K／9K／12K／16K／48K／23K
- 最高250kHz／256ステージ
- CoaXPress／カメラリンクインターフェース
- M42／M72／M95マウント

VP-71MC
ULTRA HIGH RESOLUTION 71 MEGAPIXEL
CMOS CAMERA WITH TEC INTEGRATED

7100万画素／ペルチェ冷却機能搭載 超高解像度CMOSデジタルカメラ

- 7100万画素／4.2 fps
- センサ周辺を-20℃に維持する冷却機能による低ノイズ撮像
- カメラリンクインターフェース

日本ビューワークス株式会社

Imaging Expert

FAX 03-3944-6826

フリーコール 0120-974-250

　近年、FAに代表されるマシンビジョンなど画像処理を応用する分野は、ハード・ソフトの技術の進化によりさらに広がりつつあります。生産現場では品質管理の向上、生産の効率化のため、画像処理システムへのニーズは依然として根強いものがあります。

　本誌では、特に画像検査に焦点をあて、画像処理システムを構築、運用する上で必要となる基本知識や手順・ポイントについて紹介いたします。ユーザの画像検査に携わる方、画像検査装置やシステムを構築する企業の新入社員など初心者、入門者に役立つ内容となります。

月刊「画像ラボ」編集部編
A4変形判　本文66頁　定価：1,500円＋税

目　次

■ものづくりの現場における画像処理………………………………………………………………㈱オービット
　●ものづくりの現場　●自動検査の思想　●自動化に適する対象物　●本当の欠陥とは
■画像処理のはじめの一歩　初めて画像処理に取り組む方に全体像をお話しします………………コグネックス㈱
　●画像処理では何ができるのか？：ガイダンス／インスペクション／ゲージ／アイデンティファイ　●画像処理までの流れ：照明／レンズ／カメラ　●画像処理：画像フィルタ／フィルタ以外の画像処理
■撮像の基本　より良い画像をピックアップするためのカメラ基礎知識…………………………東芝テリー㈱
　●マシンビジョンカメラの種類と特徴　●カメラで何を見るか：光の波長と特性　●カメラと照明及びレンズのコンビネーション　●カメラのシャッタ方式と移動物体の撮像　●カメラでどれ位の情報量を捉えるか　●ワークの空間的緻密さを決める画素数　●カメラの時間分解能を決めるフレームレート　●カメラで得た情報をいかに伝えるか　●アナログインタフェース　●デジタルインタフェース
■レンズの基本　選定方法やレンズの性能による画像処理への影響………………………………京セラオプテック㈱
　●光学系を理解するための基本用語とポイント：焦点距離（ｆ）／明るさ（Ｆno とN.A.）／「Ｆno とN.A.」／物像間距離／作動距離（W.D.ワーキングディスタンス）／フランジバック（F.B.）　●光学性能に関する用語とポイント：解像力／TV解像力／分解能／その他解像性能を表す指標（MTF）／歪曲（ディストーション）／光学ディストーション／TVディストーション／周辺光量／被写界深度　●画像処理用レンズ概要：通常レンズとテレセントリックレンズ／ラインセンサ専用レンズ／レンズマウントについて　●画像処理とレンズ動向
■マシンビジョンにおける照明の基本　照明の役割とライティング技術から最新のセンシング技術まで………オプテックス・エフエー㈱
　●マシンビジョンにおける照明の重要性　●マシンビジョン用光源の種類　●LED照明の優位性　●光の明暗と色の認識：色の認識と分光反射率　●特徴抽出のための照明法：直接光と散乱光／明視野照明と暗視野照明／色の識別のための照明／波長による散乱率と透過率の違い／偏光による散乱光の観察／照明選定のステップ　他
■マシンビジョン・画像検査における前処理の基本…………………………………………………㈱リンクス
　●前処理の必要性　●解析範囲の絞込み　●輝度補正：LUTによる輝度補正／シェーディング補正／画像の鮮明化　●平滑化処理：時間平均／平均フィルター／メディアンフィルター／エッジ保存スムージング　●幾何学変換：フーリエ変換／極座標変換　●二値化処理：固定しきい値法／動的しきい値法　●ラベリング　●領域変形処理：収縮／膨張処理／モフォロジー処理／細線化
■代表的な画像検査手法の紹介………………………………………………………………ヴィスコ・テクノロジーズ㈱
　●製品の有無、方向の検査：パターンマッチング手法／位置検査、個数検査も可能／パターンマッチングの注意点　●製品の寸法、形状の検査：エッジ検出手法／四角形や円形の製品のエッジ検出／エッジ検出の注意点　●製品の外観検査：ブロブ検査による欠陥検出／2値化における注意点／画像差分による欠陥検出　●外観検査における注意点

勤務先		ご所属	
ご住所	〒		勤務先□　自宅□
氏名		E-mail	
TEL		FAX	
申込冊数	1,500円＋税＋送料100円×	部　合計	円

日本工業出版㈱ 〒113-8610 東京都文京区本駒込6-3-26　TEL：0120-974-250　FAX：03-3944-6826　E-mail：sale@nikko-pb.co.jp

資料請求No. 019

三次元ビジョン入門

工業分野における非接触・計測技術の基本から各種測定装置・ロボットビジョンまで

FAX 03-3944-0389

フリーコール 0120-974-250

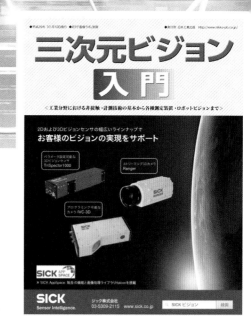

近年、非接触で物体の立体形状を把握する三次元認識・計測技術が応用され、工業分野をはじめ、物流、建設、医療、自動車など様々な分野へ利用が拡大しています。

本誌では、非接触の三次元形状測定装置や検査装置、ロボットビジョンなど工業分野の三次元計測全般にわたり、計測手法の基本事項やポイント、各社の最新技術や製品・ソリューションについて紹介しています。三次元測定装置や検査装置、ロボットビジョンを利用しているユーザーや、装置メーカー、システムを構築する企業の新入社員など初心者、入門者にも役立つ内容となっています。

月刊「画像ラボ」編集部編
A4変形判　本文96頁　定価：本体1500円+税

目次

- ■三次元計測の各手法とその特性 …………………………………………………………広島市立大学　日浦 慎作
- ■今さら聞けない三次元測定の常識〜三次元測定を有効に活用するための基礎知識 ………(一社)三次元スキャンテクノロジー協会　青柳 祐司

主な三次元計測手法
- ■ステレオ法による三次元計測手法 …………………………………………………………(株)マイクロ・テクニカ　原田 恭嗣
- ■光切断法:「成功する人」と「失敗する人」………………………………………………ジック(株)　坪井 勇政
- ■白色干渉法の計測メカニズムおよび産業用途への適用 ………………………………(株)リンクス　富田 康幸
- ■高解像度Time-of-Flightカメラ ……………………………………………………………Basler AG　Martin Gramatke
- ■ハンディ型3Dスキャナの選び方・使い方 ………………………………………………(有)原製作所　原 洋介

製品・ソリューション紹介
- ■三次元非接触形状測定センサ ………………………………………………………………(株)オフィールジャパン　中田 勉
- ■持ち運ぶ3D表面形状測定機 ………………………………………………………………(株)オプティカルソリューションズ　関 雅也
- ■高速/高精度/大視野1ショット測定式新型3Dスキャナー応用の業種別検査装置 …(株)オプトン　與語 照明・田中 秀行・顧 若偉・佐藤 敏男・安藤 和洋
- ■3Dビジョンセンサで寸法を正確に維持 …………………………………………………SICK AG　アンドレアス・ヴィーゲルメッサー
- ■大雨・大雪・濃霧や直射日光も影響を受けないハイロバストな小型3次元LiDAR ………日本信号(株)　田村 法人
- ■Time-of-Flight カメラと物流倉庫における成功事例 ……………………………………Basler AG
- ■トラッキングシステム向けの3Dレーザースキャナ ……………………………………(株)ビュープラス　高橋 将史
- ■ハンディタイプの非接触レーザースキャナと接触式プローブを組み合わせたポータブルCMM ………(株)マイクロ・テクニカ
- ■超高速　光干渉断層計測三次元センサー …………………………………………………(株)リンクス　富田 康幸

勤務先		ご所属	
ご住所	〒		勤務先☐　自宅☐
氏名		E-mail	
TEL		FAX	
申込冊数	定価 本体1,500円+税　+送料100円×	部　合計	円

日本工業出版(株)　〒113-8610 東京都文京区本駒込6-3-26　TEL:0120-974-250　FAX:03-3944-0389　E-mail:sale@nikko-pb.co.jp
資料請求No. 020

医薬品製造における自動外観検査装置ガイド

FAX 03-3944-6826
フリーコール 0120-974-250

医薬品製造における自動外観検査装置は、品質の向上や生産の合理化につながるため、そのニーズは依然として高く、多様なニーズに応えるべく技術も日々進歩しています。

本誌では、外観検査における様々な課題を克服するための製品や技術などについて紹介しています。医薬品製造メーカーの生産技術者や品質管理担当者、システム構築者、外観検査の技術者、入門者に役立つ内容となっています。

月刊「画像ラボ」編集部編
A4変形判 本文32頁 定価：1,000円＋税

目　次

- ■医薬品における異物対策・事例・動向について ─── ㈱ミノファーゲン製薬　脇坂盛雄
- ■医薬品における錠剤外観検査機のポイント・導入 ─── 秋山錠剤㈱　阪本光男

【製品ガイド】医薬品製造における自動外観検査装置
- ■医薬品業界No.1の実績を誇る錠剤検査機が、カプセル検査との兼用化仕様へ進化 ─── 第一実業ビスウィル㈱
- ■X線を使用した医薬品向け自動検査装置 ─── 池上通信機㈱
- ■錠剤の形状を高精度に検査する3D画像検査装置 ─── オプテックス・エフエー㈱
- ■バイアル空びん全面検査機 ─── キリンテクノシステム㈱
- ■世界で唯一の医薬品向け軟カプセル文字、及び、外観検査装置 ─── ㈱三協
- ■世界トップクラスの省スペースと検査精度を実現した医薬品用ブリスター包装機のインライン検査機「フラッシュパトリ」 ─── CKD㈱
- ■ラインセンサカメラを用いた錠剤外観検査装置多列ベルトコンベア搬送によりやさしい搬送 ─── ㈱シー・シー・デー
- ■㈱デクシスが提案する医薬品向け検査装置　粉末・液中異物外観検査装置PV-C・LV-Cシリーズ ─── ㈱デクシス
- ■ニューロ視覚センサによる医療・化粧品分野の外観検査 ─── ㈱テクノス
- ■錠剤輪郭部の異物まで検査できる「PTP外観検査装置BLISPECTOR」 ─── ㈱東芝
- ■医薬品印刷品質検査のための最新画像処理技術と検査システム「ナビタスチェッカーフレックス」 ─── ナビタスビジョンソリューション㈱
- ■注射剤の自動異物・外観検査機高精細自動検査機HRシリーズ ─── ㈱日立産業制御ソリューションズ
- ■ワークに合わせた専用ソフトを作成し検査しますので、お客様のニーズに合った画像処理システムが構築できます。 ─── ㈱ビューテック
- ■高速処理と高度判定機能を有する汎用型ソフトカプセル自動外観検査装置 ─── 富士電機㈱
- ■ラベル外観全面検査システム「MT-LFCシリーズ」 ─── ㈱マイクロ・テクニカ

勤務先		ご所属			
ご住所	〒			勤務先☐	自宅☐
氏名		E-mail			
TEL		FAX			
申込冊数	定価：本体1,000円＋税＋送料100円×		部　合計		円

日本工業出版㈱　〒113-8610 東京都文京区本駒込6-3-26　TEL：0120-974-250　FAX：03-3944-6826　E-mail：sale@nikko-pb.co.jp
資料請求No. 021

初歩と実用シリーズ
マシンビジョン入門

A5判・本文178頁・定価：本体1905円＋税　　丸地三郎 著

FAX 24時間受付　03-3944-6826

フリーコール　0120-974-250

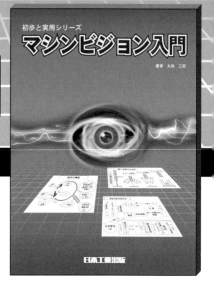

「工場の自動化」により機械が行なう作業は、ミスを削減し、作業効率と安全性の向上が進められてきました。現在、工場における自動化の課題は、計測・検査の自動化です。品質管理は、ものづくりの生命線であり、そのための外観検査および画像による計測の合理化がカメラとコンピュータを結んだ「マシンビジョン」、「画像処理」の実用化により可能となります。本書は、長年に亘ってマシンビジョンの研究・開発・営業に関わり、製造現場での画像技術適用の問題点を熟知する筆者が、システムの構築と運用するための技術をやさしく解説した入門書です。

目　次

発刊に寄せて
（香川大学工学部教授　石井　明）

第1章　マシンビジョンの基礎
- マシンビジョンとは何か
- ビジョンの現場で困っていること
- 本書の進め方
- マシンビジョンの応用
- マウンター関連
- 半導体製造装置
- AOI外観検査機
- 製造装置・検査装置
- 単純位置決め、単純検査用途
- ロボット・ガイダンス
- WEB検査
- 農水産物の検査・等級別け
- 交通監視
- 車載カメラ
- セキュリティー・監視アプリケーション
- OCR
- バーコード・2次元コード

第2章　マシンビジョンの中核技術と関連技術
- 画像処理装置・システム
- カメラ
- レンズ・光学系
- 照明
- PC
- 周辺機器：各種FA向けボード
- 駆動装置：ロボット、ステージ
- 制御装置・PLC（シーケンサ）
- センサー
- データ通信
- データベース（生産管理等）
- ドキュメンテーション

第3章　マシンビジョン・システムの開発事例
- ドリルの外観検査について
- 対象となるドリルと検査の要望
- 検査の内容
- ドリル検査の課題
- ワークのハンドリング
- マニュアル・ハンドリング検査機の完成
- その後の課題
- 全自動機の開発
- 全自動化の課題と解決策
- 全自動機の新課題
- 自動機の完成
- 一連のシステム開発のポイント

第4章　画像処理基本ツール
- 画像処理のステップ
- 画像処理の基本ツール
- リバースCAD
- 位置決めツールの種類と特性
- プロブ
- サーチ：正規化相関サーチ
- 回転サーチ
- 計測・解析ツールの種類と特性
- プロブ解析
- キャリパー
- 二値化と濃淡画像処理及びカラー処理
- 二値化と濃淡画像
- カラー画像処理
- その他の画像処理ツール
- 相対座標系
- 形状操作
- その外のツール

第5章　カメラと照明および画像処理システム
- 工業用カメラ
- 標準カメラ（モノクロ）とその構成部品
- 非標準カメラの種類
- インターフェイスとケーブルの標準化
- CCD素子の物理的なサイズとレンズ
- カメラの選択
- 注目されるカメラ：
  　高画素カメラとラインスキャンカメラ
- 画像処理用カメラの新潮流
- 照明
- 照明の光源について
- 照明機器の基本的構造
- 主な照明方法
- 良い照明とは
- 撮像システムの例
- ラインスキャン・カメラの撮像系
- まとめ
- 画像処理システムのタイプ別け
- 画像処理システムはどれでも同じか
- 画像処理システムのタイプ分け
- 主流となる2つのタイプの特長
- センサー・ビジョン選択の留意点
- コメント

第6章　マシンビジョンのシステム開発手順
- 開発の手順
- ビジョンシステムに関連する人と部門
- 開発プロセスと役割分担
- 業務と仕様書の作成
- 仕様・検討資料について
- 外観検査に関する姿勢
- コメント
- 開発と設備・技術
- 自社開発か外部委託か
- 自社開発に必要な設備・技術と体制
- 外部に委託する場合のSIの選び方
- SIへの画像処理システムの委託の仕方
- まとめ

第7章　ロボット・ビジョンとヒューマンビジョン
- ロボット・ビジョン
- 産業用での成功例と失敗例
- 主な用途は何か？
- 活用に必要な技術
- 何故失敗したか？
- ロボット・ビジョンに必要な機能
- 成功する条件
- コメント
- ヒューマンビジョン
- マシンビジョンとヒューマンビジョンの対比
- ビジョンとCAD／CAMの対比
- ビジョンの基本機能と人の成り立ち
- ヒューマンビジョンの仕組み
- 人とマシンビジョンの認識の仕方

日本工業出版株式会社　販売課

〒113-8610　東京都文京区本駒込6-3-26　TEL.03-3944-8001（販売直通）　FAX.03-3944-6826
URL：http://www.nikko-pb.co.jp　　e-mail：sale@nikko-pb.co.jp

初歩と実用シリーズ　マシンビジョン入門　申込書

日本工業出版㈱　販売課行　下記の通り申し込みます。　　　　　　　　　　　平成　　年　　月　　日

勤　務　先		所属部署	
お　名　前			
住　　　所	〒		□会社　□ご自宅
電　　　話		FAX	E-mail
申込冊数	1冊2,400円（税別）　×　　　冊	合計金額　　　　円	送料別

FAXでお送り下さい。03-3944-6826

資料請求No. 022

産業用カメラインタフェースのポイントとアプリケーション

FAX 03-3944-6826
フリーコール 0120-974-250

現在、産業用カメラはデジタル化が進んでおり、様々なデジタルインタフェースが登場しています。システム構築者は、アプリケーションやシステムに合わせたインタフェースの選択が必要となっています。本冊子は、各種インタフェースのポイントや、それぞれのインタフェースの長所を活かしたアプリケーションを紹介しており、ユーザーやシステム構築者の実務に役立つ内容となっています。

月刊「画像ラボ」編集部編
B5判　本文60頁　定価：1,000円（税別）

目 次

- CameraLink®インタフェースの概要と選択のポイント……………東芝テリー㈱　田所 典明
- PoCL、PoCL-Liteカメラについて…………………………………㈱シーアイエス　福井　博
- IEEE 1394の特長とカメラ用プロトコルIIDC……………………㈱テクノスコープ　清水　信
- GigEカメラの特徴とその活用術について…………………………㈱アルゴ　大澤 昌弘
- USB 3.0インタフェースの概要……………………………………東芝テリー㈱　中曽根 慶継
- USB3 Visionの基本・特長・メリット……………………………㈱リンクス　高橋 良平
- "CoaXPress"その規格と製品認証システム………………日本インダストリアルイメージング協会　宮崎　正
- Opt-C:Linkの概要と画像処理システムへの応用…………………㈱アバールデータ　村田 英孝

■インタフェース別アプリケーション
- CameraLink（PoCL、PoCL-Lite）に対応した8サイドカメラ…………㈱日立国際電気
- 革新的な針検査システムを実現するGigEカメラ………………………㈱ティ・エクスプローラ
- USB 2.0インタフェースに適したアプリケーション例…………………㈱アートレイ
- IDS社の製品使用例と各インタフェースの対応と特徴…………………㈱プロリンクス
- USB & GigEインタフェース導入事例……………………………………㈱マイクロ・テクニカ
- BASLER ace USB3 Visionカメラへの置換事例…………………………㈱リンクス
- CoaXPress アプリケーション事例…………………………………………㈱シムコ
- IEEE 1394インタフェースのアプリケーション例…………………………㈱テクノスコープ
- CameraLink HS™が最先端検査システムを可能にする……………………テレダイン・ダルサ㈱

勤務先		ご所属		
ご住所	〒			勤務先☐　自宅☐
氏名		E-mail		
TEL		FAX		
申込冊数	1,000円（税別）＋送料100円×	部	合計	円

日本工業出版㈱ 〒113-8610 東京都文京区本駒込6-3-26　TEL：0120-974-250　FAX：03-3944-6826　E-mail：sale@nikko-pb.co.jp
資料請求No. 023

マシンビジョンシステムにおける
周辺機器・製品の選び方・使い方

【レンズ・照明・画像入力ボード・ケーブル・画像処理ソフトウェア・画像処理装置・産業用PCの基本がわかる】

FAX 03-3944-6826
フリーコール 0120-974-250

現在、多くの分野で産業用カメラが活躍し、マシンビジョンはその用途の一つとして利用が広がっています。本冊子では、マシンビジョンシステムを構築する上で重要な要素となるカメラ周辺のレンズ・照明・画像入力ボード・ケーブル・画像処理ソフトウェア・画像処理装置・産業用PCについて、それらを選択し、正しく使うために、基本事項、種類、選定のポイント、使用上の注意点、用途例、技術のトレンドなどを紹介しています。ユーザーやシステム構築者、画像技術の初心者にも役立つ内容となっています。

月刊「画像ラボ」編集部編
A4変形判 本文48頁 定価：1,500円＋税

目次

- ◆FA/MV（工業用）レンズの基礎と選び方・使い方…………………………㈱タムロン
- ◆テレセントリックレンズの基礎と選び方・使い方…………………………興和光学㈱
- ◆ラインセンサレンズの基礎と選び方・使い方………………………京セラオプテック㈱
- ◆ラインセンサレンズ撮像における照明・光源の基礎と選び方・使い方…………レボックス㈱
- ◆画像入力ボードの基礎と選び方・使い方……………………………㈱アバールデータ
- ◆カメラインタフェース別 画像取り込み機器の基礎と選び方………………㈱マイクロ・テクニカ
- ◆マシンビジョン用同軸ケーブルの基礎と選び方・使い方………………平河ヒューテック㈱
- ◆画像処理ソフトウェアの基礎と選び方・使い方………………………㈱リンクス
- ◆画像処理装置の基礎と選び方・使い方………………………………㈱ファースト
- ◆産業用コンピュータの基礎と選び方・使い方…………………………㈱CASO

勤務先		ご所属			
ご住所	〒			勤務先☐	自宅☐
氏名		E-mail			
TEL		FAX			
申込冊数	定価：本体1,500円＋税＋送料100円×		部	合計	円

日本工業出版㈱ 〒113-8610 東京都文京区本駒込6-3-26　TEL：0120-974-250　FAX：03-3944-6826　E-mail：sale@nikko-pb.co.jp

資料請求No. 024

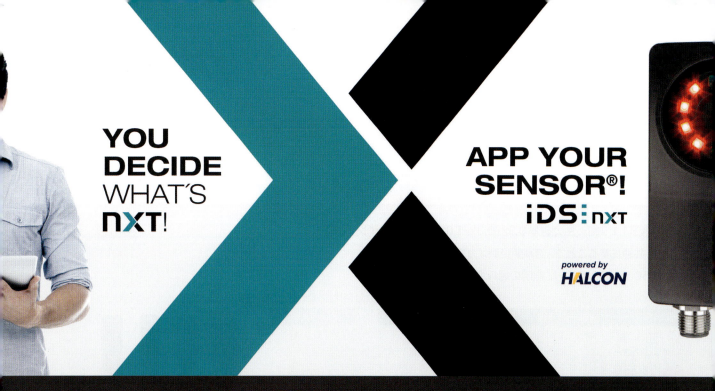

IDS NXT – IDS によるビジョンアプリベースのプラットフォーム

自分だけの iDS:nxt ビジョンソリューションを作成する

App your Sensor®! IDS NXT は次世代ビジョンアプリベースのセンサーおよびカメラです。コードの読み取り、文字・顔・ナンバープレートの認識、物体の計測、識別、検索など、目的に応じたビジョンアプリを開発して、スマートフォンのように IDS NXT デバイスにインストールできます。

www.ids-nxt.com

VS-THV SERIES 3.45μm

大型素子1.1"対応テレセントリックレンズ
"全倍率 O/I 共通化設計"

特徴

- 大型素子1.1"対応、主力倍率0.5x/0.8x/1.0x/2.0x をラインナップ
- O/Iを共通にすることで、倍率変更時メカ変更不要
- WD150mm設計により、照明の組み合わせが可能

NEW!
12M 1.1" 3.45μm 対応

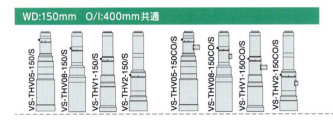

VS-THV（WD:150mm）シリーズは、
全倍率O/I*共通化設計により倍率変更時、メカ変更が不要。

※O/I=object to image distance（物体からイメージセンサーまでの距離）

VS-H-IRC/11 SERIES IR-Corrected

4K解像度対応 近赤外補正により
可視からIR領域のフォーカスシフトを最小化

特徴

- 4K解像度 対応レンズ
- 近赤外補正により可視からIR領域のフォーカスシフトを最小化
- 12メガピクセル, 1.1インチ, 3.45um対応
- 焦点距離12mm/16mm/25mm 3機種ラインナップ

NEW!
12M 1.1" 3.45μm 対応

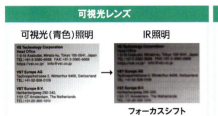
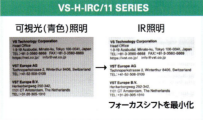

国内販売会社

https://vst.co.jp

株式会社ヴイ・エス・テクノロジー（本社）
TEL:03-3560-6668　FAX:03-3560-6669

株式会社プライマルセンス（関西）
本社
TEL:075-354-7330　FAX:075-354-7320

名古屋オフィス
TEL:052-571-5553　FAX:052-571-5554

株式会社ヴイエス・ウエストジャパン（九州）
TEL:092-433-7153　FAX:092-433-7135

株式会社ヴイエス・オプティクス（関東）
TEL:048-710-5218　FAX:048-710-5217

株式会社ユーテクノロジー（東北）
TEL:022-214-2771　FAX:022-214-2773

資料請求No. 002

SONY

※記載事項は予告なく変更になることがあります。

GS CMOS センサー搭載デジタルカメラ新製品。
Pregius Exmor

グローバルシャッター CMOSセンサーならではの高速、高感度のニーズにお応えします。

12.4 Megaの高画素、カメラリンク出力で、20fpsのフレームレートを実現。奥行30mmのコンパクトサイズ。

Camera Link®
高解像度モデル
1.1型 GS CMOSセンサー搭載
12.4 Mega出力 フレームレート：20fps

XCL-SG1240 （白黒）
XCL-SG1240C（カラー）

2018年7月発売予定

- **高速・高解像度**: ■12.4 Megaの高画素と20fpsの高フレームレートを同時に実現
- **豊富な機能**:
  - ■エリアゲイン ■欠陥補正 ■シェーディング補正
  - ■温度読み出し ■ルックアップテーブル（LUT）
  - ■3×3フィルター ■バーストトリガー

外形寸法：44(W) × 44(H) × 30(D)mm ※突起部含まず

- **システムの最適化**:
  - ■PoCL規格対応
  - ■Base Configuration対応
  - ■XCL-Cシリーズ、XCL-Sシリーズとコマンド体系を継承

USB3 Visionシリーズ 新登場！プラグアンドプレイで簡単接続が可能。

USB3 Vision®
1/2.9型 GS CMOSセンサー搭載
1.6 Mega出力 フレームレート：100fps

XCU-CG160 （白黒）
XCU-CG160C（カラー）

NEW

- **Cubic Size**: ■29(W) × 29(H) × 30(D)mm ※突起部含まず
  （アナログカメラ（Cubicシリーズ）と同一寸法・同一取り付け位置）
- **豊富な機能**:
  - ■エリアゲイン ■欠陥補正 ■シェーディング補正
  - ■温度読み出し ■ルックアップテーブル（LUT）
  - ■3×3フィルター ■マルチROI ■ビニング
  - ■バーストトリガー
- **簡単接続**: ■プラグアンドプレイ機能

GS CMOS搭載デジタルカメラの豊富な機能を紹介中！
詳しくはこちらまで sony.co.jp/ISPJ/

ソニーイメージングプロダクツ＆ソリューションズ株式会社
sony.co.jp/ISPJ/

※記載事項は予告なく変更になることがあります。
※Pregius，Exmor はソニー株式会社の商標です。

資料請求No. 004

抜群のパフォーマンスと
圧倒的な組み込みやすさ

Baslerが新たにお届けする次世代のエンベデッドビジョンカメラモジュール
dart MIPI対応インターフェース BCON 搭載モデル

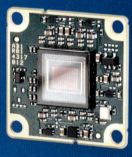

NEW

BCON for MIPI

Baslerのエンベデッドビジョン製品に関する詳細は
baslerweb.com/Embedded-GLをご覧ください。

Basler Japan　〒105-0011 東京都港区芝公園3-4-30 32芝公園ビル404
Tel: 03-6402-4350　Fax: 03-6402-4351　www.baslerweb.jp　sales.japan@baslerweb.com

1.1インチ12M対応
高解像度レンズ

■特徴
- 大型センサー 1.1インチ（SONY製IMX253）対応
- 低ディストーション
- 焦点距離 6.5mm、8.5mm、12mm、16mm、25mm、35mm、50mm
- 近赤外領域での透過率を高めるため、ワイドバンドマルチコートを採用しています。

型式	LM8FC	LM16FC	LM25FC	LM35FC
焦点距離mm	8.5	16	25	35
イメージサイズ (mm)	14.1×10.6	14.1×10.6	14.1×10.6	14.1×10.6
絞り範囲	F2.5～F16	F1.8～F16	F1.8～F16	F1.8～F16
フォーカス範囲 (m)	0.1～∞	0.1～∞	0.1～∞	0.2～∞
最近接時の撮像範囲 (mm)	184 (H)×138(V)	102 (H)×77(V)	64 (H)×48(V)	84 (H)×63(V)
TVディストーション	－0.55%	－0.40%	－0.30%	－0.01%
マウント	Cマウント	Cマウント	Cマウント	Cマウント
フィルターサイズ (mm)	M62×P0.75	M35.5×P0.5	M35.5×P0.5	M40.5×P0.5
使用温度範囲	－10℃～+50℃	－10℃～+50℃	－10℃～+50℃	－10℃～+50℃

※焦点距離6.5mm、12mm、50mmは開発中

興和光学株式会社

〒103-0023　東京都中央区日本橋本町４丁目11番１号 東興ビル　　TEL 03-5651-7050　FAX 03-5651-7310
〒541-8511　大阪市中央区淡路町２丁目３番５号（興和株式会社 大阪支店内）　TEL 06-6204-6912　FAX 06-6204-6330

E-mail　opto@kowa.co.jp　URL　http://www.kowa-optical.co.jp/

資料請求No. 00C

株式会社リンクス

これまでの常識を打ち破る
低価格、小サイズ、高速取り込みを実現

FX10/FX17　産業用途向け ハイパースペクトルカメラ

スペクトル情報を元に物性や色味を分析

食品異物検査

リサイクル分野

ディスプレイ検査

LED色検査

■ お問い合わせ
sales_specim@linx.jp

■ 製品詳細
linx.jp/product/specim/fx/

〒225-0014 神奈川県横浜市青葉区荏田西 1-13-11
TEL：045-979-0731(代)　FAX：045-979-0732　E-mail：info@linx.jp

http://linx.jp

ISBN978-4-8190-3009-0　C3455　¥2000E

定価：本体2,000円＋税

平成30年4月10日発行　◆月刊「画像ラボ」別冊　　　　　　　　　　　　　◆発行所：日本工業出版　http://www.nikko-pb.co.jp/

産業用カメラの選び方・使い方

マシンビジョン・理化学研究・製品開発 etc～
カメラの基本から特殊用途カメラまで

映像のプロフェッショナル 東芝テリーが
次世代映像ソリューションを提供します

5M☆3M

12M☆8M

東芝テリー株式会社
TOSHIBA TELI CORPORATION
http://www.toshiba-teli.co.jp

テリー カメラ　検索

ディープラーニング画像解析ソフトウェアライブラリ
SuaLab SuaKIT
スアキット

SuaKIT（スアキット）は、ディープラーニングベースのマシンビジョン向け検査ソフトです。バッテリーやソーラーセルの品質検査、PCB検査、食品の品質検査および仕分け、織物検査、皮革製品の品質検査など、様々な製品・産業分野に向けて、新たな価値を提供致します。

- 自己学習機能により、検査、欠陥用ソフトウェアの開発が不要
- 目視検査並の精度での検査
- 従来手法でプログラミングが極めて困難であった外観検査が可能

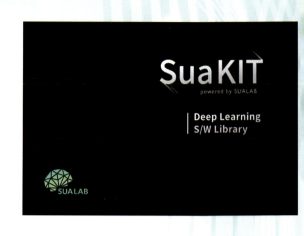

重要機器・設備のモニタリングのための赤外線カメラ
FLIR A310

FLIR A310は、非冷却マイクロボロメーターを搭載し、細部まで鮮明に見ることができる320×240の解像度を持ち、温度分解能0.05℃の熱画像を生成します。また、オートフォーカスレンズが内蔵されており、変電所・変圧器・石炭保管所といった様々なアプリケーションで実績をあげているサーモグラフィーカメラです。

- 解像度：320×240
- 温度分解能：0.05℃
- アラーム機能内蔵
- ハウジングオプションあり
- Ethernet/IP, Modbus/TCP 対応

偏光ラインスキャンカメラ
Teledyne DALSA Piranha4 2k Polarization
ピラニア4 2kポラライゼーション

Teledyne DALSA社より、初の偏光ラインスキャンカメラがリリースされました。応力測定、膜厚測定、3次元計測等のアプリケーションに最適です。

- 画素数：2,048×4
- センサーフォーマット：0°(S偏光) / 90°(P偏光) / 135°/ 偏光フィルターなしのモノクロ
- ラインレート：70kHz
- ピクセルサイズ：14.08×14.08μm
- 出力データ：8, 10, 12 bit
- 外形寸法：62(W)×62(H)×48(D) mm

株式会社エーディーエステック
〒273-0025　千葉県船橋市印内町568-1-1
TEL：047-495-9070　FAX：047-495-8809
E-mail：sales@ads-tec.co.jp
資料請求No. 00B

http://www.ads-tec.co.jp/